PHYSIOLOGIE EXPÉRIMENTALE.

SUR

LA GENÈSE

DES

FERMENTS FIGURÉS

Suite a mes Études

Sur la

Mutabilité des Germes Microscopiques

PAR

JULES DUVAL.

PARIS

LIBRAIRIE J.-B. BAILLIÈRE & FILS

Rue Hautefeuille, 19, près le Boulevard Saint-Germain.

—

1878.

PHYSIOLOGIE EXPÉRIMENTALE.

SUR

LA GENÈSE

DES

FERMENTS FIGURÉS

Suite a mes Études

Sur la

Mutabilité des Germes Microscopiques,

PAR

JULES DUVAL.

Paris

LIBRAIRIE J.-B. BAILLIÈRE & FILS

Rue Hautefeuille, 19, près le Boulevard Saint-Germain.

1878.

TRAVAUX DU MÊME AUTEUR.

— **Causerie scientifique** à propos des **générations** dites **spontanées.** — (Manuscrit inédit.) — Neufchâtel-en-Bray. — 1864.

— De la **source anatomique des térébenthines** dans la **tige des conifères.** — (Manuscrit ayant obtenu la 1ʳᵉ mention au concours des internes en pharmacie, pour les hôpitaux de Paris.) — 1868.

— Des **Ferments organisés,** de leur **origine** et du **rôle** qu'ils sont appelés à jouer dans les phénomènes naturels. — *Thèse inaugurale, couronnée de la médaille d'or de la Société de pharmacie de Paris.* — 1869.

— Essai sur le **Baume de Tolu** et préparation d'une liqueur titrée à base de **cinnamate de soude.**—Publié dans le *Répertoire de pharmacie,* le *Journal de Pharmacie et de Chimie,* la *France médicale,* etc., en 1871. — Préparation faite dans le but de servir d'agent médicamenteux contre les diathèses uriques.

— De l'**Air,** considéré au point de vue **chimique, physique, physiologique** et **pathogénique.** — Mémoires lus à la Société des Sciences naturelles et médicales de Seine-et-Oise. 1872-73.

— Sur la **Mutabilité des germes microscopiques** et la **question des fermentations.** — Mémoire lu, le 18 avril 1873, à la onzième réunion annuelle des délégués des sociétés savantes à la Sorbonne, et reproduit dans le *Journal de l'Anatomie et de la Physiologie de M. Ch. Robin,* même année.

— **Métamorphisme** et **Mutabilité physiologique** de certains microphytes sous l'influence des milieux; relation de ces phénomènes avec la cause initiale des fermentations; **zymogénèse intracellulaire.** — *Comptes-Rendus de l'Académie des Sciences,* t. LXXVII, p. 1027. — 1873.

— Nouveaux faits concernant la **mutabilité des germes microscopiques.** — **Rôle passif des êtres classés sous le nom de ferments.** — Mémoire, orné de planches, reproduit en entier dans le *Journal de l'Anatomie et de la Physiologie de M. Ch. Robin,* 1874, et partiellement, avec de nouvelles planches, dans le *Journal de Pharmacie et de Chimie,* janvier 1875.

— Sur la portée philosophique des expériences positives sur la Mutabilité. — *Comptes-Rendus de l'Académie des Sciences,* t. LXXIX, page 1160. — 1874.

— Réponse manuscrite, lue par M. Béclard, en février 1875, à propos d'une attaque personnelle de M. Pasteur devant l'Académie de médecine.

— Sur l'**Acide équinique,** acide azoté nouveau retiré du lait frais de jument. — *Comptes-Rendus de l'Académie des Sciences* et *Journal de Pharmacie et de Chimie.* — 1876.

— **Fantaisies scientifiques,** publiées dans le *Libéral de Seine-et-Oise,* de 1874 à 1876.

AUX PHYSIOLOGISTES.

TABLE DES MATIÈRES.

ERRATA.

CHAPITRE I.

—

COUP D'ŒIL RÉTROSPECTIF SUR LA QUESTION

DE L'ORIGINE DES FERMENTS.

Dans ma Thèse inaugurale, publiée en 1869 (1), j'assignais à la genèse des *ferments organisés* trois modes d'origine probables : la *panspermie*, d'abord, la *mutabilité des germes microscopiques* ensuite, et j'admettais, en outre, leur formation possible à l'aide des *granulations moléculaires* diverses qu'on rencontre dans toute cellule vivante. Je faisais particulièrement allusion, pour ce dernier cas, au parenchyme des fruits,

---

(1) L'édition de cette Thèse étant épuisée, voir l'Extrait qui en a été fait par M. Bussy, dans le *Journal de Pharmacie et de Chimie*, 55ᵉ année, 4ᵉ série, tome x (1869), ainsi que le *Rapport de M. Léon Soubeiran sur le prix des Thèses*, inséré la même année dans le même recueil.

2

et je n'avais alors en vue que l'origine des *ferments alcooliques*.

Pour étayer mes deux conclusions premières, les deux seules fondamentales auxquelles je m'arrêtais, je m'appuyais sur la méthode expérimentale directe, insistant surtout sur la valeur des ensemencements microscopiques, et aujourd'hui encore c'est là, je crois, le critérium le plus sûr auquel on doive avoir affaire.

Il n'est pas toujours facile de suivre sous le microscope, dans une goutte de liquide nourricier, la génération ascendante ou descendante d'une cellule vivante, nettement déterminée ; il est plus délicat encore de surprendre le moment précis où les éléments anatomiques qui forment les poussières viennent à évoluer en un proto-organisme dont le germe procréateur n'était que soupçonné, et si l'on doit prendre garde à un écueil, en cette circonstance, c'est de substituer les images enfantées par l'imagination à la réalité froide et nue. De même que le chimiste ne doit croire qu'à ce qu'il peut peser ou palper, de même aussi le micrographe doit être rigoureusement incrédule pour tout ce qu'il ne voit pas, et si son œil est plus près de son cerveau que ne l'est la main du chimiste, il ne doit pas oublier non plus qu'il n'a qu'un sens pour lui obéir, ce qui n'est que bien juste ce qu'il faut en matière de science positive.

Depuis mes premiers travaux, je me suis peu arrêté sur l'objet de ma troisième proposition, je veux dire sur celle concernant la naissance des levûres à l'aide des granulations du protoplasma cellulaire, et quoique les publications de M. E. Frémy sur l'*Hémiorganisme* (1) me fussent inconnues en 1869, je dois avouer que le peu d'expériences que j'ai tentées depuis dans ce sens ne sont rien moins que favorables à cette interprétation.

Chaque fois que j'ai déposé sous des lamelles de verre cimentées au vernis un peu du suc brut de fruits sucrés, raisins, cerises, fraises, etc., j'ai eu affaire à des milieux stériles, et à part les quelques cas où j'obtenais des végétations douteuses, alors que j'opérais avec des sucs non filtrés, je ne saurais affranchir mes épreuves des causes d'erreur qui pouvaient survenir par suite de l'emprisonnement involontaire de germes étrangers à mes préparations.

J'ai dit il y a déjà longtemps que ces épreuves élémentaires étaient beaucoup plus concluantes « que bien d'autres expériences instituées pour combattre la genèse spontanée ; » j'ai ajouté, cependant, comme corollaire, « qu'elles mettaient en garde, d'autre part, contre certaines avances trop prématurées de l'école panspermiste (2). »

Au mois de septembre 1871, ayant fait pénétrer dans des ballons préparés pour l'étude de l'évolution des ferments (3) du suc non filtré du parenchyme de grains

(1) *Sur la génération des Ferments, par E. Fremy.* — G. Masson, éditeur, 1875.

(2) J. Duval *dans le Journ. de l'Anat. et de la Physiol. de M. Ch. Robin,* page 493. — 1874.

(3) Voir ma Thèse de 1869 et les planches annexées à mes travaux dans le *Journ. de l'Anat. et la Physiol. de M. Ch. Robin,* 1874, ainsi que dans le *Journ. de Pharm. et de Chim.* — Janvier 1875.

de raisins blancs dont j'avais soigneusement enlevé l'épiderme, après avoir plongé chaque grain pendant une seconde dans l'eau bouillante pour annihiler la vitalité des corpuscules qui pouvaient y adhérer, je n'ai pu obtenir la fermentation des liquides sucrés soumis à l'essai. Sur six ballons préparés *ad hoc*, un seul donna lieu, au bout de quelques jours, à la naissance d'une mucorinée dont le mycelium épais et contourné se couvrit bientôt de conidies bleuâtres, mais c'était là un simple accident de préparation.

Ces expériences donnent entièrement raison à celles exécutées par M. Pasteur dans le même ordre d'idées (1), et il faut avouer, sans parti pris, qu'elles semblent aussi donner le démenti à l'hypothèse d'après laquelle les granulations des cellules vivantes, sans autre spécification, seraient capables de se métamorphoser d'elles-mêmes en cellules de ferments. Tout n'est pas dit encore, cependant, sur cette question brûlante de la génération intra-cellulaire des ferments et, quelque nom qu'on lui donne, il y a certaines restrictions à faire, principalement en ce qui touche les *organismes cellulaires* proprement dits, et, jusqu'à preuve matérielle du contraire, je crois encore, pour ma part, à la genèse secondaire des levûres à l'intérieur des cellules de certains microphytes ; c'est là, d'ailleurs, un des points sur lesquels repose ma théorie de la *mutabilité des germes microscopiques*.

Il est possible que je me sois trompé en interprétant

(1) Cons. les travaux de M. Pasteur sur les *grains de raisin*, dans les *Compt.-Rend. de l'Ac. des Sc.* — 1872.

mes expériences comme je l'ai fait antérieurement; il est possible aussi que j'aie mal vu, quoique j'opérasse sur des organismes assez volumineux pour que l'illusion fût difficile. Néanmoins, comme, en matière de science, on ne doit point se contenter d'un simple *Credo,* je m'inclinerai avec la meilleure grâce du monde le jour où l'on m'aura prouvé que j'étais dans l'erreur.

Jusqu'à présent, les deux résultats essentiels auxquels je m'étais arrêté dans ma dernière thèse sont restés debout, quoi qu'il en soit, et dans les travaux qui ont été faits et publiés concernant l'origine des levûres, depuis 1869, je n'ai rien saisi qui pût les infirmer. A cette époque, j'affirmais qu'une algue microscopique, le *palmella cruenta,* être non ferment, mis aux lieu et place des levûres, et en particulier de la levûre alcoolique, engendrait la fermentation de même nom avec production polymorphique de granules fermentescibles dans le plasma de chaque utricule de palmella. L'expérience faite *in vitro,* dans des appareils calqués sur ceux de M. Pasteur, ainsi que l'ensemencement de quelques utricules bien pures de l'algue susdite sous des lamelles de verre, me permirent de voir et de saisir comme au passage la transformation mutabilitaire que j'avais cherché à provoquer.

J'ai répété les mêmes expériences avec le *protococcus viridis,* et j'ai obtenu les mêmes résultats.

Étendant un peu plus tard le champ de mes observations, j'eus l'idée de contrôler mes premières épreuves en soumettant au même criterium physiologique diverses autres conferves prises au hasard, et depuis le *leptothrix subtilissima* que j'ai recueilli dans des flacons à eau distillée où il s'était spontanément développé, jusqu'aux genres *ulothrix*, *palmogloea*, *schizogonium* et *cylindrospermum* de la classification de Kützing (1), j'ai obtenu dans tous les cas une fermentation alcoolique plus ou moins régulière.

Le *protococcus pluvialis*, autrement appelé *hæmatococcus*, à cause de sa couleur de sang, m'a également donné des phénomènes de fermentation, et je dirai plus loin que non-seulement j'ai pu obtenir avec ce proto-organisme la fermentation alcoolique, mais qu'il s'est également prêté à la catalyse lactique (2).

Ces faits, et d'autres moins bien étudiés que j'ai tentés avec les spores de diverses cryptogames, ont pris élection de domicile dans la science (3).

Je n'ignore pas que les travaux entrepris dans ces dernières années tendent à prouver que les levûres proprement dites rentrent exclusivement dans la classe des champignons ; pour les uns, ce sont des *phycomycètes*, pour les autres des *ascomycètes*, et l'on en a même formé depuis, pour les besoins de la cause, une sous-famille à laquelle on a donné le nom de *schizomycètes*. Le mot Phycomycètes, qui signifie, à proprement parler, *champignons-algues*, sépare nettement ce groupe phytologique des véritables champignons,

---

(1) Kützing. — *Tabulæ phycologicæ.* — Ed. Leipsick, t. I.

(2) J. Duval. — Mémoire sur la *mutabilité des germes microscopiques et la question des fermentations*, dans le *Journ. de l'An. et la Phys. de M. Ch. Robin*, p. 400. — 1873.

(3) J. D. *Ibid. loc. cit.*

qu'ils soient microscopiques ou non, car, en réalité, ces végétaux singuliers et sur lesquels on a écrit tant de choses contradictoires sont, avant tout, des êtres aériens, et il semblerait que le nom même de Phycomycètes vînt trahir un rôle tout opposé. L'expression de Schizomycètes dont l'acception est beaucoup moins large ne préjuge rien de leur fonction, elle ne touche qu'à la forme et, comme telle, elle est beaucoup moins significative que la première.

Somme toute, l'histoire naturelle des levûres est et doit être encore incomplète dans l'état actuel de nos connaissances, et si présentement il est assez facile de faire une classification de ces êtres, alors qu'on les prend en masse et dans un état qu'on pourrait appeler leur état adulte, il n'en serait sans doute pas de même si l'on voulait classer les divers proto-organismes d'où dérivent les levûres qui sont à naître dans un milieu où l'œil ne les discerne pas encore.

Dans ces conditions, deux hypothèses seules sont admissibles : ou bien la levûre naît d'elle-même par *spontéparité,* ou bien elle apparaît par voie de *polymorphisme.*

Les expériences rigoureuses qui ont été faites dans ces derniers temps, et notamment les épreuves mémorables de M. Pasteur sur la stérilité des liquides fermentescibles soustraits à l'influence directe des poussières organisées de l'atmosphère (1), ces expériences, dis-je, écartant à jamais la possibilité de la genèse

(1) L. Pasteur. *Sur les corpuscules organisés de l'atmosphère. Ann. des Sc. Nat.*, Paris. — 1861.

spontanée, — tout au moins en dehors de l'organisme, — il faut donc avoir recours à la seconde hypothèse.

A une certaine époque de l'année, époque qui correspond à la maturité des fruits, en général, il n'est pas rare de rencontrer à la surface de ces derniers des cellules bourgeonnantes, ou, ce qui est beaucoup plus vrai, toutes prêtes à bourgeonner, qui ressemblent aux levûres que nous connaissons. Je n'ai bien vu, pour ma part, que la levûre apiculée, étudiée par M. Engel, et désignée par lui sous le nom de *carpozyma apiculatum* (1). Cette levûre, à cause de ses deux apicules qui lui donnent la forme d'un citron, ne peut être confondue avec aucune autre, et c'est à peu près le seule que j'aie vu se développer dans la *fermentation de la pulpe des coings* à la surface desquels on peut la retrouver.

Quoi qu'en aient dit, néanmoins, plusieurs auteurs, il n'est pas vrai que l'*air en mouvement* soit le véhicule des ferments proprements dits, l'œil le plus exercé a peine à reconnaître dans les *poussières flottantes* des cellules qui puissent être confondues de bonne foi avec les levûres types, et si ces levûres y étaient aussi surabondantes, rien ne serait plus facile que de les faire bourgeonner sous ses yeux, ce qui n'a pas encore pu être observé sciemment par aucun expérimentateur. J'ai soutenu et répété maintes fois cette vérité qui restera longtemps, sans aucun doute, le grand desideratum des physiologistes, et je suis bien aise de rapporter ici, à

---

(1) Engel. *Des ferments alcooliques.* Thèse de la Faculté des Sc. de Paris. — 1872.

l'appui de mon assertion, le témoignage d'un savant qui non-seulement s'est occupé chez nous de la question des ferments, mais est allé jusqu'en Allemagne pour tâcher d'approfondir plus avant l'origine de leur genèse première.

« D'une façon générale, dit le Dr A. Guillaud (1), l'air, le milieu extérieur, les objets environnants, contiennent des germes ; ces germes peuvent, dans certaines circonstances, se développer avec les matières fermentescibles et putrescibles, bien qu'il y ait des exceptions. Peut-on, dans ces conditions, affirmer que partout et toujours, dans une fermentation quelconque, les organismes qui s'y développent viennent du dehors?

» On n'a pas encore pu suivre une seule espèce évoluant de l'air dans un milieu altérable, et de ce milieu dans l'air, et l'on ne sait pas encore si, dans une pareille migration, le ferment ne se transforme pas.

» D'un autre côté, si tous les organismes ferments existent dans l'atmosphère, il faut les supposer infinis en nombre et en quantité. Cette multiplication des germes de l'air soulève des objections nombreuses ; d'ailleurs les observations de Douglas Cunningham (2) semblent prouver le contraire.

» Si donc la *panspermie* est vraie en elle-même, elle ne suffit pas à nous éclairer sur l'origine des ferments.

(1) Dr A. Guillaud. *Les ferments figurés. (Etude sur les Schizomycètes, Levûres et Bactériens.)* Thèse d'agrégation présentée à la Faculté de médecine de Paris. — 1876, p. 109.

(2) Douglas Cunningham. — *Microscopic examinations of air.* Calcutta, 1873 ; cité par M. Ch. Robin, dans son *Traité des Humeurs.* — 1874.

Et serait-il reconnu que tous ont leur source dans l'atmosphère, la question de leur production naturelle ne serait pas résolue pour cela ; elle ne serait que reculée. La panspermie ne vaut que contre le fait d'hétérogénie, mais n'explique rien. »

Tel était l'état de la question en 1869, tel donc il est encore à l'heure qu'il est.

Qu'est devenue la théorie de la Mutabilité que j'ai imaginée pour sortir de cette périlleuse impasse ? Les faits nouvellement acquis à la science sont-ils venus la contredire, ou lui servent-ils d'appui ? C'est ce que l'on verra par les développements qui vont suivre.

CHAPITRE II.

—

ANATOMIE DES POUSSIÈRES AÉRIENNES.

§ I. DISTINCTION DE TROIS NATURES DE POUSSIÈRES
FLOTTANTES.

L'étude microscopique des corpuscules solides qui se
trouvent en suspension dans l'atmosphère est une étude
tout à la fois *minéralogique, phytologique & zoologique*.

Les trois règnes de la nature, depuis l'atôme impalpable jusqu'au grain dont le poids devient appréciable à
la balance, se confondent, en effet, dans ce domaine
errant, et la délimitation des divers éléments qui les
constituent n'a pas encore pu être faite rigoureusement
jusqu'à ce jour.

L'imagination aidant, on a tour-à-tour vu dans l'air
ce qui s'y trouvait réellement, comme ce qui ne s'y trouvait pas, et sans aller jusqu'aux germes métaphysiques,

dont une école fantaisiste a fait, naguère, tant de bruit,
je ne craindrai pas d'avancer qu'il y a, aujourd'hui
encore, des savants qui se trompent sur la signification
réelle qu'il convient de donner aux particules organisées
que l'air charrie mécaniquement.

Je ne reviendrai pas sur la description des moyens
employés pour recueillir les poussières. Tout le monde
sait qu'ils se réduisent à trois : 1° l'aspiration artificielle
de l'air, et le tamisage de ses corpuscules sur des matières poreuses, coton ou autres substances analogues
chargées de faire office de collecteur ; 2° la formation
d'une rosée factice sur des appareils refroidis où les
poussières viennent adhérer ; 3° le dépôt naturel des
poussières sur des plaques enduites de matières vis-
queuses, et notamment de glycérine.

De quelque façon qu'on opère, les résultats sont toujours identiques, et la récolte est homogène, à quelques
variantes près, touchant la quantité des éléments re-
cueillis dans le même espace de temps. Toutes choses
égales, d'ailleurs, l'atmosphère est d'autant plus chargée
de corpuscules que son état hygrométrique est moins
élevé. Après des pluies répétées, ou lorsque la neige a
balayé les régions aériennes, on les retrouve normalement moins abondants. Au sommet des montagnes, ils
deviennent rares, et il est certain qu'au fur et à mesure
qu'on s'élève dans un air plus raréfié, on en rencontre
de moins en moins jusqu'à n'en plus trouver du tout. A
la surface des mers, sauf de très-rares exceptions, tous
les observateurs sont d'accord pour affirmer que, loin
des côtes, ces poussières sont excessivement pauvres, ce

qui se comprend, du reste ; on ne rencontre là que
quelques débris arrachés au navire, ainsi qu'à ceux qui
l'habitent, épaves aussi muettes que peu visibles que les
vents emportent pour les noyer aussitôt.

Les débris microscopiques d'origine animale ou végétale occupent dans l'air une place beaucoup plus appréciable dans les saisons où la température est élevée qu'à
l'époque des froids. En hiver, en effet, toute la végétation
sommeille, la faune microscopique elle-même reste
comme engourdie, et l'on remarque les mêmes variabi-
lités en allant du plus au moins pour les pays chauds
ou pour les contrées froides, pour les localités où la vie
est agglomérée en masse, et pour celles qui sont plus
ou moins fertiles, plus ou moins désertes.

L'air confiné des appartements, celui des salles d'hôpitaux, des endroits humides et malsains, des ateliers
où s'exercent diverses industries ; l'atmosphère des am-
phithéâtres, des églises et des salles de théâtre ; l'air,
enfin, des villes comparé à celui des campagnes, peuvent
former autant de sujets d'études variées pour le spécia-
liste (1). Il y a là néanmoins des oscillations d'un intérêt

---

(1) Un des illustres membres de l'Institut Royal de Londres, sir John
Tyndall, a fait la remarque curieuse que dans des chambres closes dont
les parois étaient mouillées de glycérine, l'atmosphère de ces espaces
fermés était, au bout de peu de temps, tellement bien dépouillée de toute
poussière organisée, qu'on pourrait y conserver, sans craindre qu'elles
se corrompent, les matières les plus putrescibles ! Si cette découverte
est confirmée par le temps et l'expérience, son application à l'hygiène
publique ou privée peut être d'une grande valeur, et il est à souhaiter
que des recherches en grand soient appliquées dans ce sens.

secondaire, quant au fond, et, pour ce qui me concerne,
je ne dois m'arrêter ni aux unes, ni aux autres.

Examinées en bloc, les poussières sont un simple
mélange pulvérulent dans lequel on distinguera toujours
des débris de trois sortes : débris inorganiques, débris
organiques et débris organisés. Je vais successivement
les passer en revue.

1° Poussières inorganiques.

Tout calcul approximatif fait, *de visu,* elles forment
bien les 4/5ᵉˢ de la totalité des poussières, et leur diamètre,
qui est très-variable, oscille entre un demi-millième et
un à deux dizièmes de millimètre ; les plus ténues,
lorsqu'elles sont en suspension dans l'eau, jouissent du
mouvement brownien. Leur densité réelle est toujours
supérieure à celle de l'air, elle est même pour beaucoup
très-supérieure à celle de l'eau, et rien ne serait plus
facile que de les doser par rapport aux autres poussières
en les lavant par décantation. Les lois de la pesanteur
et de l'attraction universelle sont ici, néanmoins, stric-
tement observées, et si ces particules, malgré leur poids
spécifique, sont aptes à rester suspendues dans un fluide
dont la pesanteur est relativement bien moindre, c'est
qu'une couche gazeuse se colle en quelque sorte à leur
surface par un effet de capillarité et leur permet d'être
soulevées alors on ne peut plus aisément.

Ces poussières consistent principalement en *débris
siliceux ou calcaires,* en atômes irrégulièrement sphériques de *terres argileuses,* ces derniers de couleur bistre

ou ocracée. On y rencontre toujours du *charbon de terre*, *du charbon de bois ou du noir de fumée*; ces parcelles qu'on reconnaît à leur teinte noire uniforme sont denses, légères ou huileuses, selon leur provenance respective. L'*oxyde de fer* (1), celui de magnésium, de calcium ou plutôt les *carbonates* des mêmes bases, le *sulfate de chaux* n'y sont pas rares, et les réactifs chimiques employés avec discernement ne laissent pas de doute sur leur véritable nature. Si l'on prend même la peine de faire une ample moisson de ces poussières, on pourra étudier, d'une part, celles qui sont solubles avec effervescence dans l'acide chlorhydrique, et de l'autre, celles qui ne se dissolvent qu'à chaud dans les alcalis caustiques, soude ou potasse.

A de faibles exceptions près, ces particules sont amorphes, formées d'esquilles tantôt vitreuses, tantot opaques, les unes incolores, les autres colorées en jaune clair ou orangé; quelques-uns même présentent la coloration des pierres précieuses. Leurs rebords sont limités le plus souvent par des arêtes mousses; leur surface est tantôt lisse, tantôt mamelonnée ou striée et, presque toujours, elles font entendre un craquement caractéristique, comme une sorte de bris de verre,

(1) M. Gaston Tissandier, qui a étudié avec une sagacité particulière les corpuscules ferrugineux attirables à l'aimant qui se trouvent dans les poussières atmosphériques, est d'avis qu'un certain nombre de ces corpuscules, « ceux principalement à forme mamelonnée ou globulaire, ne doivent pas être de provenance terrestre, et qu'ils seraient constitués par de l'oxyde de fer magnétique d'origine cosmique. (?) » Voir les communications de M. G. Tissandier, à ce sujet, à *l'Ac. des Sc.* en 1875.

lorsqu'on les presse sous la lamelle couvrante à travers laquelle on les observe.

Lorsque ces poussières présentent des formes symétriques, c'est qu'elles proviennent le plus souvent de débris siliceux dont le *tripoli* est le type, débris qui, comme on l'a reconnu, ne sont autre chose que la carapace solide des *diatomées* et autres *corpuscules d'origine fossile* qu'on rencontre plus ou moins à la surface du globe. Les *navicules* et les espèces du genre *tabellaria* sont celles que l'on aperçoit le plus communément. — Il serait superflu de dire que ces poussières, inertes au point de vue de leur provenance, le sont également sous le rapport physiologique. M. Béchamp, de Montpellier (1), a cru remarquer depuis longtemps dans la craie brute et dans les sédiments d'autres terrains des corpuscules actifs auxquels il a donné le nom de *microzymas de la craie* ou de *microzymas géologiques*; mais si l'opinion de M. Béchamp est vraie, elle ne peut porter que sur des organismes simplement mélangés aux particules minérales proprement dites, et non sur la matière brute elle-même, ce qui serait un non-sens; je ne crois donc pas devoir m'y arrêter ici.

2° Poussières organiques.

En prenant le mot dans son acception technique, celles-ci, communes sous le rapport de la quantité, le

---

(1) A. BÉCHAMP. — Du rôle de la craie dans les fermentations butyrique et lactique, et des organismes actuellement vivants qu'elle contient (microzymas). *C.-R. Ac. d. Sc.*, tom. LXIII. — Sur les microzymas géologiques de diverses origines. *Ibid., loc. cit.*, tom. LXX.

sont, au contraire, fort peu sous le rapport de la variété.

Une seule matière organique, en effet, surabonde dans les poussières de l'air, c'est l'*amidon du blé*. Partout on en rencontre, affectant depuis les plus petits diamètres jusqu'aux volumes les plus élevés, et sa dissémination est telle que les hétérogénistes ont reproché un moment à leurs adversaires de leur montrer des œufs d'animalcules et des spores de plantes là où il n'y avait seulement que des grains de fécule ; l'illusion n'était cependant pas légitimement possible.

Tout micrographe qui s'est occupé un peu de la question des poussières de l'air a remarqué qu'à côté de l'amidon du froment, il pouvait également distinguer celui des diverses autres céréales, celui de la pomme de terre ou des légumineuses qui servent à l'alimentation journalière de l'homme ou des animaux. Ces derniers ne sont toutefois qu'une exception à côté du premier (1).

Dans la poussière qui flotte au milieu des grandes cités, il n'est pas très-rare de rencontrer certaines parcelles résineuses translucides, solubles dans l'alcool ou dans d'autres liquides neutres ; ce n'est pas là cependant un fait constant. On y ramasse également diverses poudres servant comme matières colorantes ou tinctoriales, telles sont le carmin, l'indigo, la gomme gutte, etc.

_____

(1) J'ai déjà dit, dans ma première Thèse, page 17, qu'on récoltait quelquefois dans l'air des grains de fécule ou d'amidon colorés en bleu, et j'ai fait remarquer que cette coloration, qui ne pouvait être due qu'à l'iode, était une des preuves directes de la présence de ce métalloïde libre dans l'atmosphère, confirmant les expériences positives de M. Chatin à cet égard.

3

La présence de l'amidon dans l'air, à part la polémique ardente qu'on lui a fait jouer, ne mérite qu'un intérêt de second ordre au point de vue de la question qui m'occupe. Dans toutes mes épreuves, il a fait absolument fonction de corps inerte, et si sa quantité, relativement au volume des autres corpuscules, quantité que j'évalue à un dixième, doit être prise en sérieuse considération, il n'en saurait être de même de ses qualités prolifiques, qui sont entièrement négatives.

3° Poussières organisées.

Elles se partagent naturellement en deux groupes distincts, celles qui proviennent : 1° de la désagrégation plus ou moins complète d'organismes supérieurs, dont la structure est intimement connue ; 2° d'êtres microscopiques dont le développement est complet ou purement transitoire ; c'est parmi ces dernières qu'il faut rechercher ce que, faute de connaissances et de moyens de comparaison suffisants, l'on est encore obligé de désigner trop souvent sous la dénomination vague de *germes atmosphériques.*

A. — Dans les poussières du premier groupe, on trouve, tout d'abord, les débris filiformes des objets qui servent à nous vêtir ; on y distingue nettement des *filaments de soie,* de *laine* ou de *coton,* ainsi que les *fibres libériennes du chanvre et du lin* désagrégées par le rouissage. La poussière des appartements habités est toujours plus riche de ces débris que celle des plaines, et en examinant celle qui a été abandonnée par le temps sur les lambris des vieux châteaux, des théâtres, des temples et de tous les monuments publics, l'œil semble se promener au milieu des restes éparpillés du luxe le plus somptueux.

A côté de ces agrégats multicolores, se montrent divers débris animaux ou végétaux qui sont, le plus souvent, dans le plus parfait état de conservation. Ce sont tantôt des *grains de pollen* de diverses formes, tantôt des *écailles de divers insectes* et, plus particulièrement, celles des papillons diurnes ou nocturnes; pêle-mêle, enfin, on retrouve, çà et là, des *fragments de cheveux* à pigment diversement coloré, des *soies d'animaux*, des *poils végétaux* simples ou rameux, des *barbules de plumes d'oiseaux*, des *débris d'animaux articulés, portions d'élytres cornées, acarus desséchés, tarses divers avec leurs appendices respectifs, lambeaux d'yeux à facettes des insectes*, des fragments *de bois*, des *membranes épidermiques* de toute provenance, des portions du *tissu cellulo-vasculaire* d'où proviennent les farines et les poudres végétales les plus ordinairement employées, des *cellules phosphatées* d'origine animale, etc. Tous ces débris, quels qu'ils soient, servent souvent de support à d'autres corpuscules beaucoup plus petits qu'eux.

B. — Les poussières du second groupe renferment :
1° des *diatomées* et des *desmidiées* actuellement vivantes;
2° *des cellules végétales isolées*, à contenu le plus généralement vert et quelquefois rouge ou brun, dont plusieurs appartiennent aux *algues unicellulaires* qu'on rencontre le plus communément, vivant en parasites à la surface du sol humide, sur les écorces d'arbres ou sur les sub-

strata les plus divers ; 3° des *spores* incolores, brunes,
noires ou bleues, nues ou à double paroi, lisses ou à
surface polymorphe, le plus souvent libres et quelquefois
adhérentes les unes aux autres ; ces corps reproducteurs
qu'accompagnent parfois les débris de leurs thèques ou
sporanges sont unicellulaires, bicellulaires ou pluricel-
lulaires, et elles appartiennent à des genres cryptogamiques assez variés ; 4° des tronçons d'*algues pluricel-
lulaires* à structure filamenteuse ; 5° des *infusoires
enkystés entiers* généralement assez rares ; 6° des *granulations moléculaires* et des *micrococcus*, ordinairement
diaphanes, ayant souvent moins d'un millième de millimètre de surface, et pour lesquels on peut simplement
définir deux aspects, celle d'un sphéroïde gélatineux
formant un simple point, et celle d'un ellipsoïde ou cy-
lindroïde de même consistance, à extrémités franchement arrondies.

Toutes les poussières que je viens de citer sont appelées à jouer un rôle plus ou moins actif et plus ou moins
connu dans la transformation de la matière, et c'est à
un certain nombre d'entre elles qu'il appartient de devenir des ferments lorsqu'elles en trouvent l'occasion. On
pourrait, à la rigueur, en faire une catégorie à part
méritant le nom de *poussières biogéniques*.

§ II. ORIGINE, ÉTAT, CONSTITUTION ET RÔLE PROBABLES
DES POUSSIÈRES AU REPOS SUR LES DIVERS ORGANES
DES VÉGÉTAUX PHANÉROGAMES.

Autre chose est d'étudier la poussière errant à l'aban-
don dans l'atmosphère ou d'examiner celle-ci alors

qu'elle a fait élection de domicile, pendant plus ou moins de temps, sur tel ou tel organe de plante en voie de développement. Dans ces nouvelles circonstances, ce qui n'était primordialement qu'un germe inerte, a pu éprouver une modification plus ou moins profonde, et c'est cette modification qu'il faudrait précisément saisir. Malheureusement, aucune recherche, ou peu s'en faut, n'a été faite dans ce sens, ce qui explique la cause des inconnues nombreuses qui resteraient à résoudre. Je ne .fais, pour ma part, que signaler en passant cette lacune regrettable, car, outre que cette question exige en crypto-gamie les connaissances les plus vastes, je n'ai eu jus-qu'ici ni le temps, ni les moyens de l'approfondir.

On a pu remarquer, néanmoins, que dans l'énuméra-tion que j'ai faite précédemment des corpuscules orga-nisés de l'atmosphère, je n'avais fait figurer aucun fer-ment connu. La raison en est dans ce que je n'en ai jamais pu rencontrer un seul dans l'air en mouvement, et, dans un des chapitres suivants, je ferai voir combien sont exagérées les assertions des auteurs qui, jusqu'à ce jour, ont affirmé le contraire. Non-seulement il ne voltige dans l'air aucun ferment tout fait, mais il ne peut matériellement s'en trouver aucun dans ce grand dissé-minateur des infiniment petits ; c'est ce que, désormais, l'expérience en mains, je suis en mesure de prouver.

Je ne veux point dire par là que l'air ne soit point le véhicule de germes de ferments ; j'affirme simplement que ces germes ne sont point des cellules de levûres telles que celles que l'on voit se reproduire par bour-geonnement dans les liquides en fermentation. Ce que je disais il y a douze ans, ce que j'ai écrit plusieurs fois depuis dans mes mémoires, je le redis donc encore, et j'insiste d'autant plus aujourd'hui sur cette partie litigieuse de la question, que toutes les recherches qui ont été faites dans ces derniers temps viennent corroborer et confirmer mes expériences premières.

Si l'on examine, particulièrement dans les saisons chaudes, le revêtement épidermique des plantes vivaces qui croissent sous nos yeux, on fera de suite la remarque qu'il est assez rare de rencontrer des organes entièrement vierges de toute dépouille organisée étrangère. Cela tient à la nature hygrométrique des tissus végétaux, ceux-ci récoltant au passage les particules que l'air charrie d'une manière incessante, et la loi du parasitisme, si elle n'était toute naturelle, pourrait paraître dans ce sens une loi invincible et fatale. Il y a deux choses à différencier cependant dans la nature même de ce parasitisme : la première a trait aux parasites véritables qui, depuis une époque plus ou moins éloignée, ont créé leur habitat ordinaire sur des organes d'un développement ancien ; la seconde, au contraire, a trait aux proto-organismes que le hasard a fait échouer sur des organes de formation nouvelle, et qui ne doivent y séjourner que d'une manière temporaire. Les poussières que l'on recueille sur les très-jeunes rameaux, sur les feuilles ou sur les fruits, font partie de la seconde catégorie ; ce sont celles-là seulement qui intéressent l'étude des fermentations. Quelle est donc la nature intime de ces poussières ? Comme on doit forcément s'y attendre, elles ne sont autres que celles de l'air examiné en masse, avec cette seule différence,

toutefois, que, comme elles ont subi le plus souvent, sur
le substratum qu'elles ont choisi, des alternatives de
sécheresse et d'humidité (si ce n'est même des réactions
d'osmose entre elles et les liquides des tissus sous-jacents),
un certain nombre ont pu déjà éprouver un commencement d'accroissement, d'où il en est résulté un changement dans leurs formes, leurs allures, et certainement
même dans leurs rôles respectifs.

Les spores des champignons microscopiques qui
tiennent la plus large place parmi les corpuscules
atmosphériques, celles des algues cellulaires et même
ces algues entières, les granulations et microzymas
moléculaires enfin, qu'on retrouve partout, et auxquels
on ne saurait retirer une certaine vitalité latente, tous
ces organismes sont plus ou moins aptes, le cas échéant,
à faire fonction de ferments ; si l'on joint d'ailleurs à
cela la connaissance de plus en plus étendue des phénomènes de polymorphisme qui sont particuliers à la
plupart des microphytes, la conception touchant l'élas-
ticité physiologique de la cellule microscopique, et son
passage à l'état de ferment, paraîtront choses toutes
naturelles.

Il est bien vrai que les poussières que je viens d'énu-
mérer, par cela seul qu'elles sont purement et simplement cellulaires, ne doivent pas toutes partager la
double propriété d'être tour à tour des organismes ferments ou des organismes non ferments. L'acception,
prise dans ce sens, serait beaucoup trop vaste, et des
études ultérieures peuvent seules apporter la lumière
sur un champ qui a été à peine exploré jusqu'ici.

Je ferai remarquer seulement que cette conception
tend à redonner aux ferments *l'origine mycologique
variée* que les micrographes lui avaient attribuée tout
d'abord, augmentée de l'*origine phycogénique* pour laquelle je crois être en droit de revendiquer tout élément
de priorité.

M. Pasteur, qui, dans ses premiers travaux, refusait
aux ferments toute origine autre que celle de la gem-
miparité, état sous lequel les ferments se reproduisent
dans leurs milieux normaux, incline à penser aujour-
d'hui que les ferments trouvent dans l'air des germes
procréateurs entièrement différents de ceux qui les per-
pétuent dans les milieux fermentescibles, et si l'on doit
regretter une chose, c'est que cet illustre savant ait mis
autant de temps à se rendre à l'évidence (1).

Dans le courant de ce travail, il m'arrivera, sans
doute, de revenir sur cette question de la *mutabilité des
germes* déposés à la surface des fruits. Cette étude,
toutefois, étant à peine ébauchée jusqu'à ce jour, et
n'ayant pas moi-même tous les éléments nécessaires
pour la traiter comme elle le mériterait, je ne saurais,
quant à présent du moins, lui donner un plus long
développement (2).

(1) Voir les communications de M. Pasteur à l'*Acad. des Sciences*, en
1876-1877, et ses *Études sur la Bière*, chap. III, IV et V. — Paris 1876.

(2) Je me propose, dans un ouvrage que j'ai l'intention de publier
plus tard sur la micrographie aérienne, de représenter par le dessin
toutes les particules, organisées ou non, qu'on rencontre dans les poussières errantes ou dans les poussières au repos sur les différents corps
où elles viennent se déposer. Ce travail, pour être bien fait, et surtout
sagement interprété, exige plusieurs années d'observations patientes, et
j'ignore même si j'aurai tout le loisir nécessaire pour pouvoir le mener
à bonne fin.

CHAPITRE III.

—

CAUSES NATURELLES DE L'ABSENCE DES LEVURES DANS L'ATMOSPHÈRE.

§ I. LES LEVURES, PAR LA DESSICATION, NE PRENNENT JAMAIS LA FORME PULVÉRULENTE QUI SERAIT NÉCESSAIRE A LEUR DISSÉMINATION AÉRIENNE SUPPOSÉE.

Depuis les travaux publiés dans ces dernières années sur le polymorphisme normal d'un grand nombre de végétaux cryptogamiques, la question de l'origine aérienne des levûres s'est sensiblement modifiée dans l'esprit de certains auteurs.

Lorsque M. Pasteur, par exemple, parle aujourd'hui de *germes* de levûre répandus dans l'atmosphère, il y met beaucoup plus de circonspection qu'autrefois, et il reconnaît lui-même qu'il faut établir une ligne de démarcation entre les levûres proprement dites et les germes de ces levûres (1).

A plusieurs reprises, j'ai combattu M. Pasteur lorsqu'il soutenait que les germes desdites levûres étaient éparpillés à profusion dans l'atmosphère, mais si je le combattais alors, c'est qu'il considérait les levûres comme des organismes autonomes se reproduisant exclusivement .r l'intermédiaire des cellules bourgeonnantes qu'elles émettent naturellement, ces organismes bourgeonnants étant implicitement, dans sa pensée, les seuls germes que l'on pût récolter dans l'atmosphère. Cette idée première supposait, en effet, la dessication possible de la levûre à l'air libre et sa dissémination naturelle à la façon des sporules des moisissures ou d'autres corps pulvérulents représentant les germes normaux d'autres cryptogames d'une organisation plus ou moins élevée. Or, rien n'est aussi imaginaire que ce mode supposé de migration des levûres, rien n'est plus contraire à l'évidence des faits. — M. Pasteur, au reste, malgré de nombreuses concessions faites de sa part, n'est pas encore à l'heure présente entièrement converti, et, vaincu qu'il se trouve à chaque instant par les besoins de la cause panspermique, il retombe fatalement dans ses anciennes erreurs.

Dans son même ouvrage sur la bière, dans le même

(1) L. Pasteur, — *Etudes sur la Bière*, Paris, 1876, — dans une note de la page 74, dit : « Nous verrons, en effet, que les cellules de levûre et, à plus forte raison, ce qu'on peut appeler leurs germes (les faits du chap. V donneront l'explication de la différence de ces mots : *germes* de levûre et *cellules* de levûre), ont d'autant plus besoin d'oxygène, etc. »

chapitre que celui que je citais en note à l'instant, et à
la distance de quelques pages seulement, M. Pasteur
place, en effet, la proposition suivante : « **La levûre
peut se dessécher et être réduite en poussière
sans perdre sa faculté de reproduction,** » et il
ajoute : « Dans les paragraphes qui précèdent, nous
avons eu des exemples d'ensemencements spontanés de
levûres alcooliques. *Je vais montrer que cette petite
plante cellulaire peut, en effet, exister à l'état fécond
sous forme de poussière, en suspension dans l'air, à la
manière des spores de moisissures et des kystes de certains infusoires.*

» Le 16 décembre 1872, continue M. Pasteur, on
rassemble et l'on soumet à la presse tout le dépôt de
levûre d'un appareil à bière d'un hectolitre de capacité.
Vers la partie centrale du gâteau de levûre, *on prélève
de celle-ci quelques grammes qu'on mélange avec cinq
fois leur poids de plâtre* dans un mortier de porcelaine ;
le mortier venait d'être chauffé, ainsi que le plâtre, dans
une étuve à huile, vers 200°, puis refroidi rapidement.
La poudre ainsi préparée a été renfermée aussitôt dans
un cornet dont le papier venait d'être flambé dans la
flamme d'une lampe à alcool. Le cornet et son contenu
ont ensuite été déposés dans une étuve de 20 à 25°.
Les diverses précautions que nous venons d'indiquer
avaient eu pour but d'éloigner de la poudre de plâtre et
de levûre, sinon les germes des poussières en suspension dans l'air, du moins ceux des poussières répandues
à la surface des objets, mortier, plâtre, papier. »

Que M. Pasteur avance que la levûre, à l'état sec,

conserve sa vitalité, c'est là un fait que personne ne lui contestera, mais sa méthode de pulvérisation de la levûre, méthode qui a reçu en pharmacologie le nom de *pulvérisation par intermède,* ce *modus faciendi,* dis-je, est précisément la condamnation formelle du premier terme de sa proposition.

La levûre qu'on laisse se dessécher naturellement ne se réduit jamais en poussière, elle se contracte, au contraire, sous forme de petites masses agglutinées, et les courants atmosphériques ne sauraient avoir de prise sur le sédiment solide qui résulte de cette dessication.

C'est parce que M. Pasteur n'ignore point ce fait qu'il emploie précisément le plâtre comme corps divisant, lorsqu'il *veut arriver à une pulvérisation forcée* des particules de levûre, mais si son expérience est excellente en temps qu'épreuve propre à faire voir la vitalité de la levûre qu'on a conservée dans le plâtre pendant des mois entiers, — sept à huit mois, dit M. Pasteur, — elle ne prouve absolument rien en ce qui touche la dissémination normale des levûres dans l'atmosphère (1).

On pourrait, à la rigueur même, innocenter M. Pasteur, s'il ne s'était jamais servi de la levûre plâtrée que pour ses expériences sur la résistance vitale des levûres et s'il n'avait pas tiré lui-même d'autres conséquences

(1) Il est très-probable que la levûre, desséchée seule, sans l'intermède du plâtre, conserverait plus longtemps encore sa faculté de reproduction. J'ai conservé, pendant deux ans, des papiers sur lesquels j'avais mis filtrer des vins doux nouveaux, et j'ai vu, au bout de ce temps, les cellules de levûres qui y étaient adhérentes reprendre tout leur développement lorsque je les plaçais dans des conditions physiologiques convenables.

du résultat brut qu'il pouvait en obtenir. Mais M. Pasteur, à la fin même du paragraphe que j'ai cité plus haut, se hâte d'ajouter comme commentaire : « Les faits que je viens d'exposer ne peuvent laisser aucun doute sur l'existence possible des cellules de levûre en suspension dans l'air, sous forme de poussières, particulièrement dans un laboratoire où l'on se livre à des recherches sur la fermentation alcoolique. (1) »

M. Pasteur, qui mieux est, s'est servi lui-même de sa levûre plâtrée pour faire des ensemencements qu'il compare aux ensemencements spontanés des levûres dans les milieux fermentescibles, et c'est là surtout l'abus qu'il importait de signaler. Je cite : « Au chapitre III, § VI (2), dit l'auteur, nous avons reconnu qu'une poussière de levûre et de plâtre conserve très-longtemps la faculté de reproduction de la levûre. Laissons tomber alors d'une assez grande hauteur un nuage de cette poussière, et, à une certaine distance au-dessous, ouvrons plusieurs ballons vides d'air, mais contenant un

_____

(1) M. Pasteur, combattant un naturaliste allemand, M. de Bary, répète dans une note de la page 178 de son ouvrage :

« La diffusion des germes des levûres est moins grande que ne le suppose ici M. de Bary. C'est seulement dans un laboratoire livré à des recherches sur les fermentations ou dans d'autres lieux semblables, celliers, caves, brasseries, que l'air contient en suspension de véritables cellules de levûre prêtes à germer dans les milieux sucrés. Abstraction faite de ces circonstances particulières, la levûre n'est très-répandue qu'à la surface des fruits ou sur les bois des arbres qui les portent, peut-être encore sur d'autres plantes. »

(2) Cette citation est prise au chap. V de l'ouvrage précédemment cité, p. 193 et 194.

liquide fermentescible qui aura subi préalablement la température de l'ébullition, puis refermons aussitôt chaque ballon.............. J'ai constaté que les ballons s'ensemencent facilement dans ses conditions.......

» ..... Les levûres spontanées proprement dites, dont j'ai parlé précédemment, sont après tout le résultat d'ensemencements de cette nature. Nées dans des liquides qui ont bouilli et qu'on a abandonnés au contact de l'air, dans un lieu où il doit y avoir des cellules ou des germes de levûres, etc..... »

Il ne saurait y avoir de doute pour personne, et il est clair, d'après les citations répétées que je viens de faire, que, lorsque M. Pasteur se laisse aller au courant de la plume, celle-ci suit également le cours normal de ses idées premières, à savoir la croyance à la diffusion réelle des levûres dans l'atmosphère.

Toutes les publications de M. Pasteur sont empreintes des mêmes hésitations et, pour peu qu'on lise et qu'on relise attentivement ses écrits, on ne tardera pas à se convaincre qu'il se combat lui-même à son insu. C'est qu'en effet l'on ne peut triompher des lois immuables de la nature qu'avec les plus grands efforts, et je répéterai ici, sans passion comme sans amertume, avec un auteur on ne peut plus désintéressé dans le débat qui m'occupe, que, s'il est une chose « regrettable, c'est que la question des ferments organisés ait été subordonnée, pour M. Pasteur, à celle des générations spontanées. » (1)

J'ai établi antérieurement, et je crois être le premier

_____

(1) Dr A. GUILLAUD. — Thèse déjà citée, page 10.

qui l'ai fait, que les levûres constituées, par le fait de leur état purement physique, étaient incapables de se disséminer en nature au sein de l'atmosphère. « On a pris trop peu en considération, disais-je (1), les conditions physiques auxquelles les êtres ferments devraient répondre dans la supposition prématurée de leur migration incessante dans l'océan gazeux qui nous entoure. Les corpuscules organisés, quelques ténus que les ait faits la nature, pour satisfaire à un déplacement mécanique facile, doivent être doués, en effet, par eux-mêmes de deux qualités fondamentales.

» La première, c'est le peu d'hygrométricité de leur tissu ; la seconde, c'est leur réductibilité en atômes impalpables sous les influences divisantes les plus légères. Or, je le demande, est-ce bien là le cas des ferments ? Soumettons à une dessication artificielle, aussi bien conduite que possible, le sédiment qui constitue la levûre de bière, par exemple, et nous obtiendrons toujours une masse agglutinée que l'eau seule pourra rediviser ; il en sera de même des autres ferments végétaux connus. Ceci étant bien établi, l'absence dans l'air des agents de la fermentation alcoolique des sucres, en particulier, nous apparaîtra donc comme une conséquence toute logique ; le contraire serait une anomalie flagrante aux lois de la nature. »

(1) J. DUVAL. — Sur la Mutabilité des germes microscopiques. — Dans le *Journ. de l'Anat. et de la Physiol. de M. Ch. Robin.* p. 402. — 1873. — J'ai refait un peu plus tard la même assertion à l'*Académie des Sciences*.

§ II. LES LEVURES EN TRAVAIL DE REPRODUCTION NORMALE

SONT INCAPABLES DE S'ÉCHAPPER DE LEURS MILIEUX.

1° Expériences directes faites en
petit dans le laboratoire.

A l'époque où j'écrivais les lignes ci-dessus, ce que j'affirmais était parfaitement rationnel ; mais encore n'était-ce qu'une simple affirmation. J'avais d'autant plus lieu de croire que mon raisonnement était irréfutable, qu'en examinant optiquement les poussières de l'air avec tout le soin voulu, il m'avait été jusqu'alors impossible de saisir au passage une seule cellule de levûre alcoolique représentant matériellement la cellule en voie de prolifération dans son milieu liquide normal ; il y avait donc là aussi une certaine relation de cause à effet ; la négation répondait à une autre négation.

Des savants, entichés de panspermisme, continuant à répéter, toutefois, que l'air pouvait renfermer des cellules de levûre, et que le fait était on ne peut plus naturel, je résolus un jour de trancher la question par une épreuve qui me parut décisive. Nous étions alors au mois de mars 1875, époque à laquelle je venais de recevoir de M. Pasteur, à la tribune de l'Académie de Médecine, une contradiction formelle au sujet du résultat d'expériences que j'avais publiées, l'année précédente, sur la transformation des levûres.

Voici le dispositif de mon expérience, restée jusqu'alors inédite : Sous une cloche de verre de trente-cinq centimètres de hauteur et de trente-deux centimètres de diamètre, je plaçai cinq appareils dans lesquels je devais entretenir, au moyen du même liquide nourricier, cinq fermentations alcooliques concomitantes, et d'égale intensité.

Les quatre premiers appareils étaient représentés chacun par un bocal à large ouverture de 300 c. cubes de capacité, rempli aux trois quarts de suc de coings non fermenté et conservé intact (1)

(1) Sur un nouveau mode de conservation des sucs.

Puisque l'occasion s'en présente, je dirai, en passant, que depuis douze ans, au moins, je conserve les sucs qui doivent être utilisés dans mes expériences ou servir pour les besoins de la pharmacie, par un procédé calqué sur celui d'Appert, mais qui en diffère à cause de sa simplicité plus grande, de la supériorité relative des produits qu'il donne et de l'économie qu'il permet de réaliser. Ce procédé repose sur la substitution des bouchons de caoutchouc aux bouchons de liége, et j'ai fait depuis longtemps la remarque qu'il n'était pas nécessaire alors de chauffer les sucs à conserver à une température supérieure à 50° centigrades pour les jus franchement acides, — sucs de groseilles, de cerises, de coings, de mûres, de framboises, d'oranges, de raisins, etc., — et à une température dépassant 70 à 75° c., soit à la température de coagulation des principes protéiques végétaux, pour d'autres sucs moins acides et de nature plus mucilagineuse, tels que les sucs de pointes d'asperges, de nerprun, de mercuriale, etc.

Dans la méthode que j'indique ici, je chauffe, d'ailleurs, les sucs à *l'air libre*, dans une bassine, à la température que je désire obtenir, et je les transvase alors tels quels, sans autre précaution, dans les bouteilles que je bouche aussitôt, en ayant soin de maintenir le bouchon avec un simple fil métallique tordu.

Outre les deux inconvénients provenant de la casse des bouteilles par le procédé d'Appert et du goût de moisi que les bouchons ordinaires peuvent communiquer aux sucs, mes expériences personnelles m'ont

4

Le cinquième appareil n'était autre chose qu'un demi-litre éprouvette approximativement rempli aux trois quarts du même suc végétal.

Dans chacun des appareils, j'eus soin de délayer plusieurs grammes de levûre de bière fraîche, quantité plus que suffisante pour transformer en alcool et en acide carbonique tout le glucose du jus de coings, et cela dans le but d'obtenir une fermentation aussi rapide et aussi tumultueuse que possible.

Je munis trois de mes bocaux de bouchons de caoutchouc percés d'un trou ; à l'un, j'adaptai un tube à dégagement dont les deux branches en forme d'U renversé étaient aussi courtes que possible, la branche extérieure étant mise à l'affleurement avec une couche de glycérine

appris que la poussière résinoïde qui se détache des bouchons de liége renfermait souvent des proto-organismes capables de se développer sous diverses formes à une époque plus ou moins éloignée. Vu leur résistance à la chaleur et le peu de conductibilité du tissu subéreux qui les renferme, c'est à ces germes féconds qu'il faut attribuer, sans nul doute, la production tardive des membranes épaisses qu'on rencontre assez souvent à la surface des sucs chauffés même à 100°, et j'ai pu obtenir; par l'ensemencement pur et simple des poussières du liége dans des ballons préparés *ad hoc*, des fermentations avec production d'alcool et d'acide carbonique.

M. Houzeau, professeur de chimie à l'Ecole supérieure des Sciences de Rouen, m'ayant écrit il y a plusieurs années qu'il n'était pas à sa connaissance que M. Pouchet se soit jamais servi de bouchons de caoutchouc dans ses expériences, j'ai attribué depuis longtemps plusieurs des causes d'erreurs relatives aux épreuves de l'illustre physiologiste rouennais à l'usage exclusif qu'il faisait des bouchons de liége.

Les bouchons de caoutchouc, si je ne me trompe, pourraient également remplacer avec avantage les bouchons *flambés* de M. Pasteur, mais je n'insisterai pas.

acétique renfermée dans un petit récipient; à l'autre, j'adaptai un tube entièrement analogue, avec la seule différence que la glycérine était remplacée par de l'eau dans laquelle le gaz carbonique devait venir barbotter librement. Au troisième bocal de la même série, je mis un tube à dégagement comme aux deux premiers, mais je m'arrangeai de façon à ce que sa branche extérieure, un peu plus longue que la branche interne, vînt plonger de plusieurs centimètres dans une éprouvette très-allongée renfermant du suc de coings, récemment rebouilli, et filtré à limpidité absolue.

N'ayant pas sous la main de bouchon de caoutchouc dont l'ouverture centrale fût plus grande que celle qui sert à recevoir les tubes de verre qu'on emploie habituellement dans les recherches de chimie, je fermai le quatrième bocal avec un bouchon de liége percé en son milieu d'un trou circulaire où entrait à frottement un cylindre de verre creux de treize millimètres de diamètre, haut de neuf centimètres, et terminé à sa partie supérieure en pointe effilée. J'avais placé au préalable dans la partie du cylindre de verre regardant son côté aminci une certaine quantité de coton destiné à livrer passage à l'acide carbonique, à l'exclusion des particules solides que ce gaz aurait pu entraîner mécaniquement. Afin d'assurer la filtration totale de l'élément gazeux à travers la colonne de coton, je pris la précaution de verser à l'extérieur du bouchon de liége, mis en place, une couche épaisse de collodion destinée à boucher hermétiquement toutes les parties de la masse subéreuse qui auraient pu permettre la diffusion du gaz. Cette précau-

tion, sans doute, était fort inutile, mais le superflu paraît
être souvent un besoin dans les expériences de cette
nature, et l'on y retombe fatalement, sans trop savoir
pourquoi.

A la partie supérieure du demi-litre éprouvette, je plaçai enfin un petit support métallique en forme de triangle
plongeant de trois centimètres dans l'intérieur du vase,
et, sur ce support, je déposai un verre de montre renfermant un peu de glycérine.

L'ensemble de mes appareils étant ainsi disposé, je
recouvris le tout de la cloche de verre dont j'ai parlé en
débutant, et j'attendis quarante-huit heures.

La température moyenne de la pièce où j'opérais fut
de 13° centigrades, et la fermentation, qui se déclara au
bout de quelques heures, devint bientôt on ne peut plus
active. Pendant presque tout le temps de l'opération, la
surface des liquides se recouvrit d'une mousse à grosses
bulles imprégnées de levûre de nouvelle formation, et, n'é-
tait l'espace vide que j'avais laissé à dessein entre le
liquide et les bouchons, ces bulles, en crevant, seraient
venus mouiller la base de ces mêmes bouchons.

Je n'aurai pas besoin d'insister longuement sur la
signification des épreuves que je viens de rapporter ; elle
saute d'elle-même aux yeux, et il est facile de voir que,
se contrôlant l'une par l'autre, elles tendent toutes au
même but, à savoir si la levûre de bière, en pleine activité de digestion et de reproduction, est à même de se
disséminer naturellement, sous sa forme typique, au-
delà des foyers où elle fonctionne comme matière trans-
formatrice des sucres.

Le résultat que je pressentais fut sur tous les points d'une négativité absolue, et, pas plus dans le liquide témoin renfermé dans le verre de montre que dans ceux des autres appareils, pas plus dans ceux-ci que dans le coton révélateur où les corpuscules de levûre auraient pu s'arrêter, il ne me fut possible de saisir une seule cellule de la levûre sous-jacente. Le suc de coings chauffé, au sein duquel les germes de levûre auraient dû venir proliférer tout à leur aise, resta parfaitement limpide, et ce n'est qu'au bout de plusieurs jours d'exposition à l'air libre que sa surface, recouverte alors de sporules de mucédinées tombées de l'atmosphère, commença à se troubler. Ce qui advint pour le suc en question, est ce qui arrive pour tous les sucs acides bouillis et filtrés qu'on expose aux ensemencements spontanés, circonstances dans lesquelles ils ne fermentent jamais d'eux-mêmes, sans que l'on emploie pour cela des artifices spéciaux.

L'eau de lavage du gaz acide carbonique, j'appelle ainsi celle où ce gaz vint barbotter pendant des heures entières, soumise à l'ébullition avec quelques goutes de chlorure d'or, resta d'une limpidité parfaite, n'accusant aucune trace de matière organique, ni même organisée, ce que l'inspection optique suffisait pour affirmer; cette eau ne fut, avant comme après l'expérience, que de l'eau ordinaire, parfaitement potable.

En fin de compte, les cinq épreuves dont je viens de donner le résultat, épreuves instituées pour savoir si, oui ou non, les corps en fermentation émettent au-dehors des ferments palpables et visibles, ces épreuves, dis-je, se résument dans un seul mot : néant.

2° Expériences indirectes faites dans les lieux où la levûre se reproduit d'une façon permanente et en quantité illimitée.

Des esprits difficiles, et il s'en trouve toujours, même parmi les savants les plus convaincus, trouveraient peut-être à redire aux expériences qui viennent d'être exposées, en établissant que, ce que je n'ai pu obtenir en petit dans mes appareils, il serait possible que l'on pût l'avoir en grand dans les laboratoires industriels où l'on manipule des quantités de levûres infiniment supérieures à celles de mes petites cuves en miniature. On pourrait également arguer de mes expériences qu'elles ont été faites dans des conditions spéciales, et qu'il leur a manqué un stimulus quelconque, soit dans la température que j'ai maintenue trop basse, soit dans l'atmosphère restreinte où je me suis confiné, atmosphère à laquelle il manquait les ondulations nécessaires que provoquent les courants aériens, etc.

A ces objections spécieuses, qui m'ont été faites verbalement, je l'avoue, je répondrai par les deux expériences suivantes, expériences prises entièrement sur le vif.

Dans les premiers jours du mois de mai de cette année, j'écrivis à M. le baron Hermann Springer, directeur et propriétaire de la fabrique de levûre de grains de Maisons-Alfort, pour lui demander s'il voudrait bien faire placer dans son usine deux ou trois vases à large ouverture renfermant un peu de glycérine. Avec une libéralité dont je me plais à le remercier publiquement, M. Sprin-

ger se mit aussitôt à ma disposition et, selon mes indi-
cations écrites, il recommanda de faire séjourner les
récipients-contrôle, du jour au lendemain, dans les
chambres mêmes où s'exécute dans son usine la fermentation des moûts destinés à générer la levûre.
M. Springer me fit envoyer ensuite à mon domicile, à
Paris, le contenu des vases à glycérine, et je pus l'examiner. J'avais tenu, pour cause, à ne point assister à
l'expérience. Or, sur trois flacons dont le premier avait
été placé dans le *local de fermentation* proprement dite,
et les deux autres dans les endroits où s'opèrent le bras-
sage et la macération des grains pulvérisés destinés à
être saccharifiés, le premier s'est trouvé exempt de toute
trace de levûre ; les deux autres, au contraire, en ont
montré des traces évidentes. Dans le cas de la dissémination réelle de la levûre à l'état de prolifération, c'est
le contraire qui aurait dû avoir lieu, et si j'en ai rencontré dans des locaux autres que celui de la fermentation
proprement dite, cela tient au transport mécanique de
la levûre avec d'autres corps pulvérulents, matières
amylacées ou débris de tissu cellulaire des graines de
céréales qui les accompagnaient.

Ce serait être de mauvaise foi que de vouloir confondre ce transport accidentel des grains de levûre
dans l'air des usines où l'on manipule d'autres matières
pulvérulentes qui s'y trouvent plus ou moins mélangées
avec une dissémination non factice, d'ordre physiologique, et c'est là le même cas que celui des cellules épithéliales et des globules de pus desséchés qu'on rencontre dans l'atmosphère des salles d'hôpitaux, où ces

corps s'y montrent quelquefois, accompagnant les débris des corps textiles ou pulvérulents qui servent pour les pansements.

A l'entour de l'usine de Maisons-Alfort, deux plaques de verre enduites de glycérine, qui sont restées déposées là plusieurs heures, se sont enrichies d'une assez ample moisson de poussières de charbon de terre et de grains féculents de diverses natures, particulièrement ceux de l'orge et du seigle; de cellules de levûre, il n'y en eut point; pardon, j'ai rencontré deux grains bourgeonnants de *saccharomyces* adhérents aux cellules du testa d'un grain d'orge!

Si l'on songe que l'usine modèle dont je parle produit chaque jour plusieurs milliers de kilogrammes de levûre de grains, et que cette levûre y est sujette à des manipulations et à des renouvellements incessants, on devra en inférer que l'exigence des partisans qui n'ont foi que dans les expériences en grand doit être amplement satisfaite, et cependant le résultat n'est-il pas identique à celui que j'avais obtenu moi-même antérieurement?

Au commencement d'avril de cette même année, j'avais déjà fait faire la même manipulation que celle dont je viens de parler dans une brasserie voisine de l'Ecole de pharmacie de Paris. M. Charles Durand, appariteur de l'Ecole, auquel je m'étais adressé pour me rendre ce petit service, m'avait rapporté, au bout de 24 heures, une glycérine aussi vierge que possible. Quelques grains de lupulin et de la poussière de charbon souillaient seuls ce liquide témoin.

Il est donc bien vrai, décidément, que l'air, si fécond

qu'il soit en germes de proto-organismes, ne renferme
point les cellules bourgeonnantes de la fermentation
alcoolique (1).

§ III. RÉSERVES A FAIRE A PROPOS DES MYCODERMES ET
FERMENTS AUTRES QUE LES LEVURES ALCOOLIQUES,
AINSI QU'A PROPOS DES AGENTS DE LA
CONTAGIOSITÉ, EN GÉNÉRAL.

Si l'on répétait les expériences de ce chapitre avec
d'autres ferments, en agissant sur d'autres milieux fermentescibles, il est très-probable que les résultats seraient conformes à ceux que je viens d'exposer Il y
aurait là, cependant, de nouvelles recherches à faire,
car, avant que l'expérience directe n'ait parlé, on ne
saurait être absolument affirmatif, dans toute la rigueur
des termes.

Il existe dans la nature une série de phénomènes que
l'on confond sous le nom de fermentations, sans connaître
au juste toutes les relations de causes à effets qui produisent ces mêmes réactions. Il faut, sans nul doute,
être très-réservé à l'égard de ces dernières. Les ferments
de la fermentation putride, par exemple, les germes sep-
tiques, les miasmes ou les vapeurs organiques molécu-

(1) Une expérience curieuse que je conseillerais de faire aux partisans
des épreuves à longue portée serait de placer sur le trou de bonde d'un
foudre en pleine fermentation un tube chargé de coton destiné à retenir
les germes qui grouillent dans le liquide qui bouillonne au-dessous, et,
après un temps suffisant, d'inspecter le tissu chargé d'opérer la récolte.
— A moins de causes d'erreurs grossières, le coton restera certainement
stérile.

laires que l'on peut, jusqu'à un certain point, assimiler
aux ferments, jouissent-ils de la même fixité relative que
les agents de la fermentation alcoolique? A d'autres à
répondre.

M. Pasteur, et d'autres avant lui, ont cru remarquer
dans l'air en mouvement les cellules de quelques mycodermes, et notamment celles du *mycoderma vini*, vulgairement appelées les *fleurs du vin*. Eu égard à leur
constitution physique, à leur rôle comme à leur habitat
ordinaire, il n'y a rien d'impossible à ce que les cellules
susdites puissent se retrouver dans l'air. J'ai déjà dit, au
reste, dans ma première thèse, qu'il ne fallait point assimiler les *fleurs mycodermiques* proprement dites, êtres à
fonctions comburantes, aux véritables ferments organisés, dont le but physiologique est essentiellement différent (1).

Quant à l'origine première des voiles ou membranes
mycodermiques que l'on voit se développer spontanément
sur divers liquides qui ont déjà fermenté d'une façon ou
d'une autre, elle n'en reste pas moins obscure, et elle sera
longtemps encore l'objet de nombreuses controverses.

Biologiquement parlant, les fleurs mycodermiques
forment comme un trait d'union entre les moisissures
vulgaires et les ferments véritables, et il n'y aurait rien
de surprenant que, par l'étude du polymorphisme des
espèces, on arrive à retrouver en elles quelques-uns des
liens naturels qui pourraient rapprocher ces deux groupes
phytologiques. C'est là, d'ailleurs, de ma part, une avance

(1) J. DUVAL. — *Thèse inaug.* Chap. IV, p. 42 et 43.

purement gratuite, une conception intuitive ne reposant
que sur des épreuves encore trop mal suivies pour que
je puisse en tirer une conclusion logique, et j'abandonne
l'une et l'autre au contrôle de savants beaucoup plus
éclairés.

CHAPITRE IV.

—

LA DÉCOUVERTE DE LA SPORULATION DES LEVURES
ÉCLAIRE, SANS LA RÉSOUDRE, LA QUESTION
DE LEUR GENÈSE PREMIÈRE.

Sous l'influence des idées nouvelles imprimées à l'étude des fermentations depuis une vingtaine d'années, beaucoup de savants, habitués qu'ils étaient à ne voir les ferments que dans leurs milieux propres, avaient une tendance de plus en plus marquée à les envisager comme des êtres spéciaux, entièrement autonomes, et destinés à accomplir le cycle entier de leur développement dans les liqueurs fermentescibles. L'expérience raisonnée devait se substituer aux conceptions hypothétiques, et la micrographie, éclairant de ses lumières le phénomène chimique, devait faire rentrer celui-ci dans lec adre ordinaire de toutes les réactions biologiques normales.

Dès 1868, M. J. de Seynes (1) avait observé qu'en cultivant le *mycoderma vini* sur des terrains pauvres en matières assimilables, en étendant de beaucoup d'eau, par exemple, le vin sur lequel ce végétal devait se reproduire, il concentrait en lui-même ses principes nutritifs, et, au lieu de donner des bourgeons purement végétatifs, devenait, désormais, nettement endospore.

M. Trécul (2) avait à peine pris connaissance des faits signalés par M. J. de Seynes, qu'il relatait de son côté des phénomènes analogues, mais d'autant plus curieux, qu'ils se rapportaient à la levûre de bière elle-même. En appauvrissant également les liquides propres à nourrir la levûre, M. Trécul avait pu suivre non-seulement la formation de cloisons et de vacuoles spéciales dans la cellule mère levûrienne, mais il avait vu les spores qui provenaient de cette segmentation interne émettre des tubes germinatifs produisant, à leur tour, de véritables conidies.

Quoique ces expériences aient été faites par les deux savants botanistes français d'une manière toute incidente, et qu'ils n'y aient pas eux-mêmes attaché une extrême valeur, il semble juste, néanmoins, de reconnaître quelles durent être le point de départ de recherches répétées depuis par d'autres micrographes sur les cellules des divers *saccharomyces* représentant les levûres alcooliques.

Si je signale ici ce point historique de la question,

---

(1) J. de SEYNES. — *C.-R. de l'Ac. d. Sc.*, t. LXVII. — 1868.
(2) A. TRÉCUL. — *Ibid loc. cit.*, même année.

c'est afin d'établir consciencieusement la filiation des faits. Les ouvrages de publication récente tendent tous à faire remonter la découverte de la sporulation des levûres au Dr Rees, dont je parlerai tout-à-l'heure, et, loin d'attribuer à M. Trécul, par exemple, le mérite de ses recherches premières, on a longtemps contesté la vérité de ses assertions. Vaincu par l'influence de l'imitation, influence souvent fatale, on le sait, j'ai mis en doute moi-même antérieurement la portée sérieuse des essais tentés par M. Trécul sur la germination des levûres ; je me permettrai, toutefois, de déposer ici même mon amende honorable en sa faveur. J'ai dit.

Si l'on cherchait à donner une signification physiologique superficielle aux phénomènes de sporulation décrits ci-dessus, on pourrait en inférer, avec quelque apparence de raison, que les deux modes de reproduction du *mycoderma vini* et du *mycoderma cerevisiæ* observés par MM. de Seynes et Trécul correspondent, le premier, au développement biologique normal ou à l'état de santé de la plante, le second, au contraire, à son état, ou tout au moins à l'un de ses états morbides, puisque le mycoderme endospore peut être considéré comme n'ayant pas assez de nourriture. J'ajouterai, toutefois, comme commentaire pratique, que la pathogénie des mycodermes et des levûres est restée jusqu'ici une question de sentiment plutôt que tout autre chose, et tant que nous serons aussi ignorants que nous le sommes sur la genèse des ferments dits *ferments de maladie,* tant qu'on n'aura point prouvé que ces derniers ne sont point des germes secondaires nés à même la substance protoplasmique des ferments supposés bien portants, nous serons loin d'être en-dehors du champ des hypothèses.

On me pardonnera cette petite digression, mais, si l'on en arrivait, comme dans le cas particulier que je viens de citer, à penser que les ferments ou leurs proches parents dans la série phytologique n'émettent des spores qu'alors qu'ils sont épuisés, leur état supposé valide étant exclusivement celui de leur bourgeonnement, on pourrait commettre, à son insu, la plus grave des erreurs. En arrêtant le développement des organes végétatifs dans les végétaux supérieurs, on favorise généralement la formation des organes de la reproduction, et il est très-probable que, pour les mycodermes et pour les levûres déplacées de leurs milieux, c'est la même chose qui arrive. On ne saurait trop se défier de ces conceptions à perte de vue, où l'on est enclin à se laisser entraîner, parfois, sans autre motif que le besoin de satisfaire une idée préconçue ; j'avouerai, pour ma part, que je suis très-réservé sur ce qui concerne la médecine et l'hygiène des ferments. Je poursuis.

Le Dr Rees (1), naturaliste allemand, en cherchant comme ses devanciers à déplacer la levûre de bière de son milieu fermentant et en observant sa croissance sur divers terrains appropriés, est arrivé, après M. Trécul, à faire fructifier cette plante à la manière des Champignons. La découverte de la sporulation de la levûre de bière était donc suffisamment contrôlée pour qu'on ne pût plus la mettre en suspicion.

(1) Max REES. — *Botanische zeitung*, décembre 1869.

Les conditions qui parurent au D' Rees le plus favorables à la fructification de la levûre furent de la priver
brusquement de nourriture sucrée et de l'exposer alors
en plein air dans un milieu aussi saturé que possible
d'humidité.

Pour obtenir ces résultats, le D' Rees conseille de la-
ver la levûre à plusieurs reprises avec de l'eau distillée,
et, lorsqu'elle est bien égouttée, de l'étendre en couche
mince sur des tranches de carottes ou de pommes de
terre que l'on maintient sous une cloche humide. Au
bout d'une quinzaine de jours, on aperçoit un accroissement notable dans les cellules de levûre et l'on remarque
déjà, aux lieu et place de leur protoplasma, de une à
quatre spores arrondies. Ces cellules sporifères, semées
dans du moût de bière, reproduisent par bourgeonnement des cellules de levûre.

Le D' Rees n'a pas toujours pu réussir dans ses expériences, et il a eu très-souvent la mauvaise chance, à la
place de la sporulation qu'il cherchait à provoquer,
d'obtenir la putréfaction des organismes sur lesquels il
opérait.

Il a pu, néanmoins, en tâtonnant, arriver à faire donner des spores actives aux diverses espèces de ferments
alcooliques désignés par Meyen comme autant de variétés de *saccharomyces*, et c'est ainsi qu'on a pu, avec
beaucoup de raison, depuis, ranger les levûres parmi
les champignons thécaspores.

M. Engel (1) ayant répété, deux ans après le D' Rees,

---

(1) ENGEL. — Thèse déjà citée, p. 16, Paris. — 1872.

ses expériences sur la culture des levûres en employant un dispositif spécial, — il substitue le plâtre humide aux substrats végétaux, — a été assez heureux pour arriver, dans tous les cas, à obtenir une fructification normale, sans craindre l'altération de la levûre.

La formation de la thèque sporifère à même la cellule levûrienne, dans les expériences de M. Engel, avait lieu au bout de trois ou quatre jours au maximum, et, par son procédé, il a pu faire fructifier le *carpozyma apiculatum* ou ferment apiculé, à l'égard duquel le Dʳ Rees n'avait obtenu que des résultats entièrement négatifs.

Les levûres du genre saccharomyces produisent des thèques nues ; celles du genre carpozyma, au contraire, sont recouvertes par une perithèque.

Au point de vue du rang qu'il convient d'assigner aux levûres dans la classification, les études précédentes sont on ne peut plus précieuses ; elles sont en même temps la consécration scientifique de cette mobilité fonctionnelle et polymorphique de la cellule, mobilité à laquelle j'ai donné le nom de mutabilité cellulaire.

Malheureusement, il est difficile de tirer du fait de la sporulation des levûres quelque chose qui puisse guider, autrement que par analogie supposée, dans la recherche de leur genèse primordiale. Si les levûres qui ont fonctionné végétativement dans la cuve de vendange ou dans celle du brasseur étaient appelées à sporuler naturellement, et si les représentants de cette génération descendante étaient aptes à leur tour à se laisser disséminer à la manière des corps pulvérulents qui voltigent dans l'atmosphère, la question de l'origine des levûres serait on ne peut plus simple à résoudre. Mais, dans les conditions industrielles ordinaires, rien, que je sache, ne facilite, rien ne prédispose les levûres à la sporulation. Et puis, quelle est la nature physique des sporules de la levûre? C'est là ce que j'ignore, me permettant de supposer simplement que, si les savants qui les ont découvertes avaient pressenti leur migration possible, ils n'auraient pas gardé le silence à leur égard.

A tout prendre, la sporulation des levûres ne peut prouver qu'une chose, c'est que, parmi les germes qu'on rencontre à la surface des fruits, — que ces germes soient des algues ou des spores de champignons ayant déjà subi un commencement de germination, — il est fort probable qu'un certain nombre, pour raison de polymorphisme ou de mutabilité, sporulent déjà sur leur substratum provisoire à la façon des levûres, et sont toutes prêtes, alors, à évoluer en ferments lorsque l'occasion s'en présente. Ce n'est là, certainement, qu'une simple hypothèse ; au temps de la résoudre.

CHAPITRE V.

—

DE L'ÉLASTICITÉ DE LA FONCTION PHYSIOLOGIQUE DANS LA CELLULE VÉGÉTALE, ET, EN PARTICULIER, DANS L'UTRICULE MICROPHYTIQUE.

§ I. FERMENTATION INTRA-CELLULAIRE DES FRUITS ET AUTRES ORGANES DÉTAGHÉS DE LEURS SUPPORTS, SANS QU'IL Y AIT PRODUCTION NÉCESSAIRE DE FERMENTS INDÉPENDANTS.

Depuis les faits consignés dans ma Thèse de 1869 sur le rôle des algues unicellulaires agissant comme ferments alcooliques, divers mémoires ont été publiés, tant en France qu'à l'étranger, qui attestent, de plus en plus, la mobilité fonctionnelle révolue aux cellules végétales.

La même année que celle où parut mon travail,

MM. Lechartier et Bellamy (1), étudiant la respiration des
fruits dans des conditions différentes de leur respiration
normale, constataient, en effet, la formation non équivoque d'une certaine quantité d'alcool dans leur parenchyme. Ces expérimentateurs, ayant observé, dans certains cas, la présence de cellules de levûre dans les fruits
mis en expérience, et, dans d'autres, n'ayant pu en
découvrir, furent tout d'abord assez embarrassés pour
donner une interprétation rigoureuse aux phénomènes
nouveaux qu'ils venaient d'observer. S'étant mis, néanmoins, à l'abri des causes d'erreur qui auraient pu venir
de la mise en œuvre des germes extérieurs de proto-organismes pouvant évoluer comme ferments normaux, ils
constatèrent que, si des fruits entiers et parfaitement
sains, plongés dans l'acide carbonique, donnaient de
l'alcool, c'était bien les cellules propres aux fruits qui
fournissaient ce corps, et non pas d'autres corpuscules à
fonction zymique amenés du dehors.

Après avoir fait leurs essais sur les fruits les plus
variés, pommes, poires, prunes, cerises, groseilles, figues,
citrons, châtaignes, etc., MM. Lechartier et Bellamy les
ont répétés avec le même succès sur divers organes de
plantes susceptibles de donner de l'alcool par voie de
fermentation, et ils se sont convaincus que les feuilles et
les semences des phanérogames les plus diverses, alors
qu'on les mettait à l'abri de l'oxygène atmosphérique,

----

(1) G. LECHARTIER et F. BELLAMY. — De la fermentation des fruits.
— C.-R. de l'Ac. d. Sc., t. LXIX, 1869, et mêmes auteurs, même
recueil, années 1872 à 1876, consécutivement.

étaient aptes à produire, elles aussi, de l'alcool et de l'acide carbonique, en quantité plus ou moins appréciable, suivant la température ambiante comme suivant le volume et la composition chimique des sujets mis en expérience.

Ils ont fait, en outre, la remarque importante que, du moment où le dégagement gazeux annonçant le mouvement fermentescible commençait à se faire sentir, il continuait avec la même intensité pendant une période de temps variant de quelques semaines à plusieurs mois, puis s'arrêtait brusquement pour ne plus recommencer ; ce moment d'arrêt correspondait à l'inertie ou plus exactement à la cessation de la vitalité propre aux cellules des fruits ou des autres organes de plantes soumis à l'expérimentation.

A la suite du travail chimique opéré dans la masse cellulaire des fruits qui ont ainsi fermenté spontanément, ces derniers, quoiqu'ils renferment encore le plus souvent beaucoup de sucre, ont perdu désormais toute activité fonctionnelle, et si on les remet à l'air, ils brunissent et se désagrègent comme tout organisme frappé de mort. Les graines que renferment ces fruits participent naturellement à l'altération générale, et elles ont perdu la faculté de germer.

Dans le cas où les fruits sont soustraits à l'influence de l'air, après avoir éprouvé l'arrêt de la fermentation marqué par la brusque cessation du dégagement gazeux, redonnent au bout d'un certain temps de nouvelles quantités de gaz, c'est qu'il s'est développé un ferment organisé dans leur intérieur, mais la présence de ce ferment

est tout accidentelle. MM. Lechartier et Bellamy s'en
sont assurés par maintes expériences, et lorsque cet
accident n'a pas lieu, les fruits épuisés par l'action fer-
mentative qu'ils ne doivent qu'à eux-mêmes peuvent
rester dans leur atmosphère d'acide carbonique pendant
plus d'une année sans donner une seule bulle gazeuse ;
l'inactivité est alors aussi complète que possible.

Les expériences curieuses de MM. Lechartier et Bellamy n'auraient peut-être pas obtenu le retentissement
scientifique qu'elles ont eu, si ces deux habiles physiologistes n'avaient point été mis en relief par le patronage
de M. Pasteur.

Interprétées, en effet, comme elles auraient pu l'être,
et comme je l'ai fait moi-même antérieurement (1), leurs
épreuves n'étaient ni plus ni moins que le renversement de
la doctrine nouvelle de M. Pasteur sur les fermentations,
et ce dernier, en se les assimilant et les acceptant, au
contraire, comme une confirmation de ses idées personnelles, a été aussi adroit qu'un homme de génie, seul,
pouvait l'être en pareille circonstance. La question des
fermentations, reléguée jusqu'alors à l'étroit dans un
coin obscur de la biologie, reçut de ce contre-coup une
immense impulsion, et elle devint une question pure et
simple de physiologie cellulaire, terrain fécond en découvertes de toutes natures, où elle restera désormais.

Parmi les auteurs les plus désintéressés dans le débat,
et en même temps les plus sincères, qui se sont servis
des expériences de MM. Lechartier et Bellamy pour com-

(1) J. DUVAL. — *C.-R. de l'Ac. d. Sc.*, t. LXXIX, p. 1160, —1874.

battre la notion première que M. Pasteur avait assignée
dogmatiquement aux fermentations, je citerai seulement
MM. Poggiale, Colin (1), Ch. Robin (2) et Ch. Blondeau (3).

Si j'eusse été le seul à indiquer ce revirement subit
dans la manière de voir de M. Pasteur, j'aurais eu mauvaise grâce à le faire, et l'on aurait pu supposer dans
ma remarque critique un parti pris qui ne saurait exister. Je regretterais amèrement que mes sentiments fussent
interprétés d'une manière toute autre, car nul plus que
moi ne rend hommage à l'application heureuse des recherches persévérantes de M. Pasteur à la science ainsi
qu'à l'industrie, et si je me suis permis d'entrer dans
l'arène paisible où lui-même a combattu tant de fois,
c'est que je suis de ceux qui luttent non pour les hommes,
mais pour la vérité, qui est le domaine de tous.

Je ne reviendrai pas sur tout ce qui a été dit à ce sujet ; ce serait entrer ici dans une discussion tout-à-fait
oiseuse ; je ne m'étendrai pas davantage sur la polémique
ardente soulevée à l'Académie des Sciences, à propos
précisément de la découverte de MM. Lechartier et
Bellamy, entre M. Pasteur et M. Frémy.

M. Frémy, qui avait admis depuis longtemps la fermentation intracellulaire de l'orge germée, a toujours
soutenu et soutient encore contre M. Pasteur, — auquel

(2) Cons. Poggiale et Colin. — Discussion sur les fermen'ations,
dans le *Bull. de l'Ac. de Méd.*, 1er semest., Paris. — 1875.

(3) Ch. Robin. — *Journ. de l'An. et de la Phys.* — Sur la nature
des fermentations, p. 396. — 1875.

(4) Ch. Blondeau. — De la fermentation et de la putréfaction. —
Dans le *Moniteur scientifique Quesneville.* — p. 449. — 1875.

il reproche de ne pas connaître toutes les formes que peuvent revêtir les ferments, — que, si les fruits entraient d'eux-mêmes en fermentation, c'est qu'il y avait fatalement production spontanée et constante de cellules de levûre dans leur tissu interne. MM. Joubert et Chamberland ont répété avec les plus grands soins, il n'y a pas longtemps encore, les expériences de MM. Lechartier et Bellamy, et ils affirment de nouveau que l'examen microscopique de l'intérieur des fruits qui ont fermenté alcooliquement ne leur a jamais montré de cellules de ferment (1).

J'ajouterai moi-même, pour mémoire, qu'ayant eu l'occasion, en 1875, d'examiner le parenchyme de pommes qui avaient été conservées en tas pendant l'hiver, comme cela se fait dans les pays à cidre pour les pommes dites tardives, il m'est arrivé de ne pouvoir rencontrer aucune cellule de levûre alcoolique dans ces fruits, quoique leur suc brut m'eût donné à la distillation des traces appréciables d'alcool. Je ferai remarquer que les pommes ainsi entassées les unes sur les autres se trouvent, celles du milieu de la masse principalement, dans une atmosphère entièrement privée d'oxygène, et qu'il n'est pas étonnant d'y observer les mêmes réactions chimiques que dans les fruits qu'on plonge isolément dans l'acide carbonique. Il se fait, dans les mêmes circonstances, des éthers particuliers, éthers malique et

---

(1) JOUBERT et CHAMBERLAND. — *C.-R. de l'Ac. d. Sc.* — 1876.

butyrique probablement, qui donnent aux fruits entassés une odeur enivrante particulière (1).

Les feuilles du mûrier qu'on rassemble en masses plus ou moins volumineuses avant de les donner en pâture aux vers à soie, dans les contrées séricicoles, subissent très-probablement une fermentation partielle analogue à celle des pommes mises dans les mêmes conditions, et les faits de cette nature ne sont certainement pas les seuls que l'on pourrait ajouter à l'avoir des fermentations provoquées par les seules forces de la nature, sans le concours des ferments figurés.

§ II. FERMENTATION INTRA-CELLULAIRE DES PLANTES ENTIÈRES PLONGÉES TEMPORAIREMENT DANS UNE ATMOSPHÈRE PRIVÉE D'OXYGÈNE.

1° Fermentation dans les plantes cryptogames.

Les faits physiologiques démontrés par MM. Lechartier et Bellamy ne pouvaient rester isolés. M. A. Müntz (1), après s'être assuré que les champignons supérieurs et les espèces microscopiques de la même famille, connues vulgairement sous le nom de moisissures, renfermaient les uns et les autres dans leurs tissus diverses matières sucrées analogues, et entr'autres de la *mannite*, eut l'idée d'étudier la respiration du champignon de couche (*agaricus campestris*) dans l'air auquel il avait préala-

(1) J'ai consigné ces faits dans mes *Fantaisies scientifiques*, insérées dans le *Libéral de Seine-et-Oise*, à propos d'un article sur le Cidre.
(2) A. MUNTZ. — *C.-R. de l'Ac. d. Sc.*, t. LXXVI et LXXIX.

blement enlevé son oxygène. Or, dans ces circonstances, le champignon de couche qui, lui, ne renferme que de la mannite, à l'exclusion de tout autre sucre, forme dans ses tissus de l'alcool, *sans qu'on puisse y constater la présence simultanée d'aucun ferment,* et, dans les produits gazeux de sa respiration, on retrouve alors un mélange d'acide carbonique et d'hydrogène (1).

Pour se convaincre que le gaz combustible fourni dans cette occasion provenait bien de la mannite renfermée normalement dans la plante mise en expérience, M. Müntz

(1) M. Müntz n'a pas pu trouver dans les ferments proprement dits les matières sucrées caractéristiques des champignons, et la levûre de bière, notamment, ne lui a donné que des résultats négatifs. Cette différence de composition chimique des principes immédiats de la levûre avec ceux des champignons inférieurs qu'on en fait se rapprocher le plus, au point de vue de la classification naturelle, peut donner à réfléchir. L'imbibition constante des cellules de levûre par les matières sucrées en dissolution qu'elles trouvent dans les milieux fermentescibles peut suffire probablement, néanmoins, pour leur faire agir sur ces sucres à la manière des champignons qu'on prive brusquement d'oxygène ; peut-être même serait-ce en agissant ainsi qu'elles garderaient précisément leur caractère ferment. Un des faits observés par M. Müntz lui-même viendrait, au reste, à l'appui de cette manière de voir, je veux parler de l'expérience dans laquelle ce chimiste, après avoir ajouté de la levûre à une dissolution de glucose qu'il faisait traverser par un courant rapide d'oxygène, a vu celle-ci montrer au bout de quelques jours le caractère de la sporulation interne que MM. Trécul, Rees et Engel ont observé pour la levûre végétant à l'air libre. — Les algues que j'ai observées faisant fonction de ferments, au point de vue de l'analyse immédiate et du phénomène respiratoire, présenteraient-elles les mêmes analogies ? C'est là ce que j'ignore, et c'est un point qu'il ne serait peut-être pas indifférent de chercher.

a répété ses épreuves avec des champignons dans lesquels il s'était assuré qu'il n'y avait pas de mannite, ce glucoside y étant remplacé par la variété de sucre cristallisable nommée par M. Berthelot *tréhalose,* et il a pu constater que ces derniers, quoiqu'ils donnassent également de l'alcool dans leurs tissus, ne produisaient pas trace d'hydrogène.

Les champignons, quels qu'ils soient, privés de l'action comburante de l'oxygène, ont donc, à l'instar des fruits placés dans les mêmes conditions, la propriété de transformer en alcool et en acide carbonique les sucres normalement contenus dans leurs cellules, et dans le cas où ce sucre est de la mannite, sa décompostion, analogue à celle que produisent sur lui les membranes animales, engendre en plus de l'hydrogène.

Un fait très-curieux noté par M. Müntz au cours de ses expériences est la propriété que possède la levûre de bière de transformer la mannite en alcool, en acide carbonique et en hydrogène lorsqu'on la fait agir, à son tour, dans une atmosphère dépouillée d'oxygène. Je dis que ce fait est curieux dans ce sens qu'il paraît briser l'obstacle que M. Berthelot avait rencontré dans le dédoublement de la mannite en présence de la levûre, et tout fait supposer que ce ferment, dans le cas cité par M. Müntz, ne doit pas agir comme simple matière albuminoïde. J'ajouterai même que cette réaction met en garde contre la supposition que les tissus animaux, et, en particulier, les épithéliums, agiraient purement et simplement comme corps protéiques inertes dans l'acte de la fermentation mannitique indiquée par M. Berthelot.

Dans tous les cas, la réaction ci-dessus ne serait, au fond, qu'une nouvelle preuve de l'équilibre instable de la levûre agissant en présence d'un aliment carboné nouveau, et je ne serais pas éloigné de penser que cette réaction concorderait avec un état morphologique particulier, si tant est que la question de plastique cellulaire puisse y faire quelque chose.

2° Fermentation dans les plantes phanérogames.

Après avoir expérimenté sur des cryptogames pris en pleine végétation, M. Müntz a porté ses essais sur des plantes phanérogames entières, et, comme on devait s'y attendre, la mutabilité fonctionnelle de la cellule s'est montrée la même ici qu'elle avait été dans le premier cas (1).

Les végétaux les plus variés, cultivés temporairement sous cloche dans de l'air privé au préalable de son oxygène par l'action de l'acide pyrogallique et de la potasse, ont généré dans leurs tissus des traces appréciables d'alcool, sans qu'il y ait eu pour cela production d'aucune cellule zymique, et les mêmes plantes, remises à l'air libre, ont continué à vivre.

§ III. LA MUTABILITÉ FONCTIONNELLE APPARTIENT SURTOUT AUX INFINIMENT PETITS.

Que les grands végétaux, cryptogames ou phanérogames, se prêtent à une sorte d'obéissance passive en

_____

(1) A. MUNTZ. — C.-R. de l'Ac. d. Sc., t. LXXXVI. — Janvier 1878.

tant qu'actes d'assimilation ou de désassimilation, il n'en est pas moins vrai qu'ils ne peuvent remplir ce rôle indifférent qu'à titre provisoire. Pas plus les agarics que les autres plantes employées par M. Müntz, dans ses expériences, ne sauraient respirer impunément dans une atmosphère faite exclusivement d'azote ou d'acide carbonique ; les premiers, en effet, après avoir donné de l'alcool plus ou moins à regret, se peuplent bientôt de vibrions, et ils tombent en décomposition complète ; les seconds meurent bientôt par asphyxie.

Les plantes inférieures, celles principalement qui sont formées d'une seule ou de quelques cellules juxtaposées, jouissent, à cet égard, d'une immunité beaucoup plus grande, et c'est sur elles surtout que les physiologistes devraient faire leurs épreuves. En ceci, les organismes microscopiques sont généralement supérieurs aux végétaux les plus parfaits, et leur résistance vitale est d'autant plus grande que leur structure est plus simple, et qu'elles peuvent se perpétuer avec plus ou moins de facilité, dans le temps, par leurs organes végétatifs, à l'exclusion du mode de reproduction par des organes spéciaux. Les ferments, en particulier, jouissent de ces priviléges, et c'est pour cela, sans doute, qu'il leur est loisible de descendre de tel ou tel proto-organisme dont le développement est complet ou purement transitoire. Les limites qu'il faudrait assigner à la source génésique des ferments sont loin de nous être connues, et s'il existe autant de variétés de ferments que celles que l'on découvre tous les jours, ce n'est pas que le moule où chacun se façonne doive être extrêmement varié. Il est

beaucoup plus probable, au contraire, qu'un même corpuscule générateur, selon le milieu qu'il rencontre,
s'adapte physiologiquement aux conditions physico-chimiques qui lui sont offertes par ce milieu lui-même ;
les faits d'adaptation réciproques signalés par Darwin
pour les êtres supérieurs trouvent, à plus forte raison,
leur nécessité chez les êtres cellulaires.

La nature exclusivement végétale de tous les ferments
figurés connus prête un appui solide à la doctrine de
leur genèse par voie de mutabilité, et il y a quelques
années seulement, alors que les classificateurs, trompés
par les apparences de la motilité animale, distinguaient
tout à la fois des ferments animaux et des ferments végétaux, il était plus difficile d'établir une règle générale.

Les plantes simplement cellulaires, lorsqu'elles sont
appelées à faire fonction de ferments, présentent sur les
végétaux plus élevés en organisation cet avantage qu'elles
peuvent jouer leur nouveau rôle avec plus ou moins de
stabilité, et mes expériences antérieures tendent à prouver que, pour certaines d'entr'elles, tout au moins, la
fonction fermentatrice une fois commencée, elle revêt
désormais tous les caractères de la permanence. L'être
qui n'était pas ferment le devient donc par la force des
choses, et l'assimilation physiologique de la cellule mi-
crophytique avec la cellule ferment est aussi nettement
accusée qu'elle peut l'être.

Les progrès de la chimie et de la micrographie aidant,
la mission biologique de certaines plantes inférieures
est aujourd'hui, du reste, beaucoup mieux connue qu'elle
ne l'était autrefois, et l'action tantôt oxydante, tantôt

réductrice ou même purement catalytique de ces êtres infimes s'est étendue, dans ces derniers temps, à des réactions où l'on soupçonnait à peine leur concours, si ce n'est même leur présence.

A côté des ferments se placent, en effet, un certain nombre de microphytes, dont le *modus vivendi* leur est de beaucoup comparable, et, pour ne rappeler que quelques faits de découverte récente, je citerai l'action de ces infiniment petits dans la *réduction des nitrates* (1), dans la *production du gaz des marais* (2), et dans celle de la *sulfuration des eaux* (3). Je pourrais citer d'autres faits de décomposition ou même de synthèses chimiques dont l'interprétation, restée longtemps obscure, pourrait s'expliquer très-simplement aujourd'hui par l'action des microphytes ; néanmoins, la question de la réduction des sulfates dans certaines eaux naturelles étant une de celles qui présentent le plus d'intérêt, je dirai seulement quelques mots de cette dernière.

Jusque dans ces derniers temps, la cause de la sulfuration des eaux minérales naturelles était assez diversement interprétée par les auteurs. Quoi qu'il en soit, l'opinion d'Ossian Henry, attribuant la réduction des sulfates en sulfures à la présence de certaines matières

---

(1) E. MEUSEL. — Transformation des nitrates en nitrites par les Bactéries. — *Berichte der deutschen chemischen Gesellschaft*, t. VIII, p. 1214.

(2) Léo POPOFF.— Sur la fermentation de la cellulose et la production du gaz des marais. — *Archiv fur die gesammte Physiologie*, t. X, p. 113.

(3) E. PLAUCHUD. — Sur la formation des eaux minérales sulfureuses. — *Journ. de Pharm. et de Chim.*, 4° série, t. XXV, p. 180.

organiques dans ces eaux, avait prévalu dans la science, et c'est, sans contredit, celle qui se rapprochait le plus de la vérité. Depuis nombre d'années déjà, les micrographes savaient que la *glairine* des eaux minérales était un mélange de diverses matières organisées, végétales ou animales (1), mais le fait de la réduction des sulfates à l'aide de ces mêmes matières n'avait point été tenté expérimentalement. C'est à M. Plauchud, pharmacien à Folcalquier, que revient l'honneur de cette découverte, et les épreuves multipliées et suivies qu'il a instituées à cet égard sur la réduction du sulfate de chaux, en particulier, ne laissent aucun doute sur la manière d'agir des microphytes connus sous le nom de *sulfuraires*.

Envisagée à ce point de vue nouveau, la sulfuration des eaux rentre dans le cadre des actions chimiques provoquées par des êtres vivant à la façon des ferments, et les résultats obtenus par M. Plauchud ont cela de pratique qu'elles arriveront à permettre de faire chez soi, à l'aide de sulfates appropriés, des eaux sulfureuses absolument identiques à celles que l'on va chercher dans diverses stations thermales.

Pour prouver d'une façon péremptoire que c'était bien exclusivement aux sulfuraires vivantes que les eaux chargées de sulfate de chaux devaient leur tranformation en sulfure, à l'exclusion des matières amorphes de nature simplement organique, M. Plauchud a préparé trois séries de ballons témoins. Dans la première, il a intro-

---

(1) Cons. E. Littré et Ch. Robin. — *Dictionnaire de Médecine*, 13ᵉ édit., articles *glairine* et *sulfuraire*, p. 669 et 1494.

duit une solution de sulfate de chaux qu'il a additionnée de diverses matières organiques hydrocarbonées ; dans la seconde et la troisième série, il a mis la même eau en contact avec des sulfuraires lavées par décantation ; les ballons de la dernière série ont été soumis à l'ébullition pour annihiler la vitalité des organismes qui y avaient été déposés.

L'expérience ayant duré plusieurs mois, M. Plauchud a constaté que l'eau des ballons de la première série s'était corrompue, mais ne s'était pas sulfurée. Tous les liquides de la seconde série se sont sulfurés, au contraire, dans l'espace de quelques jours, et l'on a pu ensemencer avec une prise minime de ces liquides autant de ballons que l'on a voulu. La série de ballons à sulfuraires bouillies n'a point donné trace de réduction, même au bout de quatre mois.

L'auteur a remarqué que la sulfuration des eaux était d'autant plus rapide que le volume des conferves qu'il ensemençait était plus considérable, ce qui devait être, et j'ajouterai même qu'il eût été curieux de prendre le poids des sulfuraires, supposées sèches, avant comme après l'expérience. Il y aurait probablement un rapport à pouvoir établir, dans l'unité de temps, entre la somme pondérale des sulfuraires employées et celle du sulfate de chaux décomposé simultanément; on pourrait arriver ainsi à un titrage sulfhydrométrique constant, et dans le cas où les eaux sulfureuses, ainsi faites, viendraient à être employées dans la thérapeutique, cette question de rapport et de dosage aurait bien sa valeur.

M. Plauchud n'ayant expérimenté que sur la variété

6

des eaux sulfureuses dont la base minéralisatrice est un
sulfure alcalin, il resterait à savoir quel peut être le rôle
des microphytes dans celles de ces eaux qui renferment
également le soufre à l'état d'acide sulfhydrique libre.
Des végétaux inférieurs, des algues d'une nature particulière ne seraient-ils pas alors chargés d'émettre une
sécrétion acide dont le résultat serait de décomposer
plus ou moins partiellement le sulfure primitivement
formé? C'est ce qu'il resterait à savoir. Je ne pense pas,
dans tous les cas, que les sulfuraires puissent remplir
un rôle prolixe dans le dernier cas que je viens de citer,
et je suis d'autant plus autorisé à le croire que M. Plau
chud, en examinant, dans un autre ordre d'idées, l'action de végétaux en tout semblables aux sulfuraires,
morphologiquement parlant, sur des solutions aqueuses
de tournesol, ne paraît pas avoir constaté que ce réactif
virât au rouge avant de disparaître des solutions qu'il
avait primitivement teintées par la teinture bleue mise en
expérience. La dernière communication de mon honorable collègue à la Société de Pharmacie de Paris (1) ne
mentionne, d'ailleurs, absolument rien à cet égard, et
je ne saurais accorder à cette idée toute incidente plus
d'importance qu'elle n'en saurait avoir.

Les résultats obtenus par M. Plauchud sur la cause
de la sulfuration des eaux sont très-intéressants au point
de vue de la physiologie des êtres inférieurs, et quoique

_____

(1) PLAUCHUD. — Sur la décoloration de la teinture de tournesol par
les germes organisés et vivants. — *Journ. de Pharm. et de Chim.*,
4ᵉ série, t. XXVI, p. 188.

je n'aie point fait l'expérience (1), il serait possible que les sulfuraires ou, plus généralement, les végétaux constitutifs de la glairine ou barégine, pris en pleine activité de développement, et ensemencés dans des milieux propres à donner certaines fermentations, se ploieraient volontiers à cette nouvelle fonction.

Le rôle des algues dans la minéralisation des eaux ne doit pas être exclusif aux eaux sulfureuses, et il est à peu près certain que les eaux ferrugineuses, celles principalement dans lesquelles le fer est à l'état de crénate ou d'apocrénate (Forges-les-Eaux), reconnaissent également comme facteurs des êtres microscopiques d'une nature à peu près identique. Cette étude comparative appliquée à d'autres eaux donnerait sans doute aussi la clef de réactions qui n'ont reçu jusqu'ici qu'une explication tout-à-fait insuffisante, et il n'en faudrait peut-être pas davantage pour trouver la raison de la sulfuration spontanée qu'on remarque chez un grand nombre d'eaux minérales conservées depuis longtemps en bouteilles.

(1) J'ai reçu de M. Plauchud des échantillons de sulfuraires au moment où mon travail était sur le point d'être terminé, et il m'a été impossible, jusqu'ici, de les expérimenter ; j'ai pu simplement constater la sulfuration facile des eaux séléniteuses de Paris à l'aide des microphytes que je dois à son obligeance, et ce phénomène de sulfuration qui n'a aucun rapport avec les phénomènes de putridité est on ne peut plus curieux. — L'absence de chromule dans les ramifications arborescentes du *Leptomitus niveus* (Agardh), qui domine principalement dans les échantillons que j'ai examinés, serait probablement un obstacle à la transformation de leur tissu tubuleux en levûres ; je suis donc obligé de faire des réserves sur ce que je puis avoir conjecturé tout d'abord. —

Quoi qu'il puisse en advenir, les expériences précitées marquent une étape nouvelle dans le champ de la biologie cellulaire, et, loin d'avoir à les redouter, la mutabilité, telle que je l'ai définie pour les êtres inférieurs, ne peut y trouver qu'un nouvel argument en sa faveur.

CHAPITRE VI.

—

SUR LA TRANSFORMATION POSSIBLE DES LEVURES LES UNES DANS LES AUTRES SOUS L'INFLUENCE DES MILIEUX.

§ I. TRANSFORMATION DE LA LEVURE ALCOOLIQUE EN
LEVURE LACTIQUE ET EN LEVURES NON ENCORE
DÉTERMINÉES. — MÉCANISME PROBABLE
DE CETTE TRANSFORMATION.

La propriété que j'avais reconnue à des êtres cellulaires différents des levûres de pouvoir agir comme telles
lorsqu'on les mettait en leur lieu et place devait m'amener à rechercher si les levûres elles-mêmes ne se prêteraient pas à un rôle physiologique multiple.

J'ai entrepris des recherches dans ce sens en 1873-74,
et j'en ai consigné les résultats dans le *Journal de
l'Anatomie et de la Physiologie* de M. Ch. Robin, en 1874,

ainsi que dans le *Journal de Pharmacie et de Chimie*, en 1875.

Mes épreuves n'ont porté jusqu'ici que sur la levûre alcoolique, et j'ai cru pouvoir m'assurer qu'en ensemençant cette plante microscopique successivement, dans des milieux propres à développer la fermentation lactique, la fermentation benzoïque de l'acide hippurique et la fermentation de l'urée, elle était apte à se substituer, sinon aux trois ferments des fermentations susdites, du moins aux deux premiers. J'ai obtenu, en effet, une fermentation mixte alcoolo-lactique dans le premier cas, une fermentation franchement benzoïqué dans le second, et, quant au troisième, quoique la levûre se soit modifiée morphologiquement dans le milieu que je lui avais choisi, elle n'a pu engendrer la fermentation ammoniacale propre au dédoublement normal de l'urée en acide carbonique et en ammoniaque.

Depuis ces premières expériences, j'en ai fait quelques autres que je n'ai pas encore publiées, vu qu'elles sont trop incomplètes. Je citerai, néanmoins, pour prendre date : 1° la tranformation du *quinate d'ammoniaque* en acide benzoïque et en un corps azoté qui paraît être de la nature des sucres ; 2° le dédoublement de l'*asparagine* en acide succinique et en une ammoniaque ; 3° la séparation de la *carminamide* en deux corps, l'un acide, non azoté, et l'autre neutre, de nature azotée, que je n'ai point étudiés ; 4° enfin, la transformation du *tannin* en un acide très-soluble qui n'est point l'acide gallique, — quoiqu'il se distingue de son corps générateur par son action non coagulante sur l'albumine, — et en un glu-

cose qui paraît être le même que celui qui se forme dans
la fermentation gallique proprement dite en présence du
mycélium de certaines moisissures, fermentation étudiée,
il y a quelques années, par M. Van Tieghem (1).

Ces quatre fermentations que des circonstances particulières m'ont empêché de poursuivre ont été faites avec
le concours de la levûre alcoolique, comme celles que
j'ai rappelées ci-dessus, et, dans l'un comme dans l'autre
cas, j'ai pris les précautions nécessaires pour éviter l'action concomitante des organismes étrangers. Ici et là,
les cellules de levûre ont mis un certain temps avant
d'agir, et elles n'ont paru également se prêter au pouvoir
transformateur qu'après s'être modifiées elles-mêmes,
quant à la forme, au contact des matières nutritives nouvelles qui étaient mises à leur disposition. D'une façon
invariable, dans ces circonstances, j'ai obtenu dans mes
ballons la formation secondaire d'une sorte de pellicule
proligère à la surface des liquides, et ce n'est que lors -
que cette pseudo-membrane, après s'être dissociée plus
ou moins, est retombée au fond, qu'il y a eu modification apparente des substances sur lesquelles j'opérais.

J'ai donné antérieurement sur la cause de la genèse
de la pellicule mycodermique qui prend naissance dans
tous ces essais une théorie d'après laquelle les articles
du mycoderme ne seraient que l'accroissement ultérieur,
en présence de l'air, de granules primitivement formés
au sein des cellules de la levûre. Les tubes ou cellules

(1) Van Tieghem. — Fermentation gallique. — *Annales scientifiques
de l'Ecole Normale* — t. VI., p. 27. — 1869.

mycodermiques que je vois apparaître, dans mes expériences propres, ne seraient qu'une phase évolutive particulière des cellules du saccharomyces, elles représen-
teraient, si l'on veut, la génération descendante de sporules formées tout d'abord au sein du protoplasma des
bourgeons levûriens, et ce n'est que lorsque ces sporules
ne trouveraient plus de nourriture sous leur enveloppe
de cellulose que celle-ci les abandonnerait à l'état de
liberté.

Tout cela suppose un grand travail physiologique, et
l'on m'objectera peut-être même que, du moment où la
surface liquide de mes ballons ne sert à l'origine de
support à aucun organisme, il faudrait que les granules
que je fais sporuler soient doués au début d'une motilité
propre qui leur permette d'aller chercher l'oxygène gazeux là seulement où il se trouve ; tout cela suppose
encore chez les granules susdits la propriété temporaire
de s'accoler en membranes plus ou moins tenaces et
plus ou moins continues. Il y a évidemment ici de nombreuses inconnues à résoudre ; il y a même pour le cas
où cet épiphénomène ne trouverait point une raison
d'être suffisante dans le fait d'une sporulation réelle,
analogue à celle découverte par divers botanistes, il y a
là, dis-je, l'écueil panspermique, et l'on me répétera
peut-être par anticipation, comme un journal de médecine l'a déjà fait, que ma théorie n'est qu'un croc-en-
jambe (sic) en faveur de l'hétérogénie. A cela ne tienne,
répondrai-je, en matière de cause première d'ordre
scientifique, je n'ai d'autre parti pris que celui de m'en
rapporter à l'expérience brutale.

Je vais répondre maintenant à une autre objection, et celle-là est d'autant plus sérieuse qu'elle touche au cœur même de la question.

S'il était bien reconnu que les ferments proprement dits pouvaient avec une sorte d'indifférence jouer plusieurs rôles successifs, selon qu'on les ferait agir sur tel ou tel terrain, l'idée de leur spécificité, non-seulement comme matrice originelle, mais surtout comme action physiologique, serait, sinon anéantie, du moins fortement ébranlée. Or, pour peu que l'on se donne la peine d'y réfléchir, c'est là un sujet des plus graves si, du domaine de la chimie pure, on se transporte, par exemple, sur celui de la pathologie. Je serai muet, et pour cause, sur cette dernière question.

Pour affirmer la variabilité d'action d'une même levûre dans différents milieux, il ne suffit qu'une chose, c'est d'expérimenter avec un sujet bien pur, c'est-à-dire sans mélange de levûres étrangères.

Les précautions que j'ai prises pour obtenir ce résultat ont été décrites dans mes travaux précédents, et je n'y reviendrai pas.

M. Pasteur m'ayant fait l'honneur, toutefois, de me donner une page tout entière dans son dernier ouvrage sur la Bière, et cette page, qui passera à la postérité, attestant mon impuissance à l'égard de la préparation de la levûre alcoolique pure, je ne saurais aller plus loin sans transcrire ici même cet imposant réquisitoire.

« Je trouve un exemple de cette illusion,—M. Pasteur parle d'une illusion d'optique, — dans un travail récent de M. Jules Duval. Cet auteur a publié une théorie d'après laquelle la levûre se transforme en levûre lactique, et également dans d'autres levûres, celle de l'urée, par exemple, à la seule condition, suivant cet auteur, de la cultiver dans des milieux convenables. Les preuves qu'il donne de ses conclusions sont tout-à-fait inadmissibles, et la simple lecture de ses expériences suffit pour en reconnaître les nombreuses causes d'erreurs. M. Duval croit que la levûre de bière se transforme en levûre lactique, parce que, en semant la première dans du petit-lait auquel il a ajouté du glucose, de la craie et du phosphate d'ammoniaque, il obtient une fermentation qui fournit du lactate de chaux et de la levûre lactique ; mais il ne s'assure pas le moins du monde qu'il a introduit dans ce milieu, très-propre, en effet, à la fermentation lactique, parce qu'il est un peu alcalin, de la levûre alcoolique réellement pure. C'était le point délicat des expériences de l'auteur. Il le reconnaît bien, mais il se trompe lui-même en disant, sans preuve : « Ma levûre alcoolique est pure, car je l'ai cultivée plusieurs fois dans du moût de raisin conservé dans des ballons préparés à la manière de ceux dont M. Pasteur s'est servi dans ses expériences. » Ce n'est là qu'une assertion. Un contrôle expérimental direct eût prouvé que la levûre était impure.

» Non, la levûre de bière ne se transforme pas en levûre lactique. Quel que soit le milieu dans lequel on la sème, *si elle est véritablement pure*, elle ne donne jamais la moindre trace de levûre lactique, pas plus qu'elle ne donne la levûre de l'urée..... Par la variation dans la nature du milieu, dans la température, etc., les cellules de la levûre peuvent devenir ovales, allongées, sphériques, plus ou moins grosses, mais jamais elles ne donnent la plus petite quantité de levûre lactique ou d'acide lactique. Toute la théorie de la mutabilité de la levûre en d'autres levûres, publiée par M. Duval, est imaginaire (1). »

Antérieurement déjà, M. Pasteur m'avait pris à partie sur le même sujet dans une discussion qui restera célèbre dans les annales de l'Académie de Médecine (2); cette discussion avait eu lieu à propos de la génération des bactéries dans le pus de certains abcès où l'on ne pouvait invoquer l'intromission des germes extérieurs. Je répondis alors à M. Pasteur, par l'intermédiaire obligeant de M. Béclard, secrétaire perpétuel de ladite Académie, que la levûre sur laquelle j'avais opéré était pure, aussi pure que celle qu'il pouvait avoir lui-même à sa disposition.

En présence du verdict accablant qui venait d'être prononcé contre moi, ne voulant pas me tenir pour battu sans employer le seul moyen de défense matérielle que je puisse opposer à mon contradicteur, je fis demander à l'Ecole Normale supérieure que l'on voulût bien me procurer quelques traces de la levûre de M. Pasteur. Ma demande fut vaine, et mon arme fut brisée.

Je m'adressai successivement alors à quatre des collègues de M. Pasteur à l'Institut; mais la mission dont

(1) L. Pasteur. — *Etudes sur la Bière*, chap. III. De l'origine des ferments proprement dits, p. 37. — 1876.

(2) Cons. *Bulletin de l'Acad. de Médecine.* — Discussion sur les fermentations. — Février 1875.

je voulais les charger étant d'une délicatesse extrême, il est naturel de comprendre que je ne fus pas plus heureux de ce côté que je ne l'avais été la première fois.

Ceci se passait avant que j'aie pris connaissance du dernier ouvrage de M. Pasteur. Quoique, dans le fond, les arguments renfermés dans ce travail n'attinssent ma doctrine de la mutabilité des levûres que d'une manière indirecte, et bien que M. Pasteur ne paraisse pas avoir répété mes épreuves personnelles, je ferai l'aveu sincère que les expériences nouvelles décrites dans son ouvrage durent me donner à réfléchir. Plus que jamais je sentis le besoin de revenir à la charge, et spontanément, le 26 février dernier, je me décidai à écrire à M. Pasteur la lettre que voici :

A M. L. PASTEUR, MEMBRE DE L'INSTITUT.

La lecture attentive que j'ai faite de vos dernières « Etudes sur la Bière » a fortement ébranlé mes convictions au sujet de la transformation des levûres. Je recherche la vérité sans parti pris, et je suis tout prêt à m'incliner devant l'évidence des faits. J'ai vu, au reste, avec satisfaction, que vous n'aviez point attaqué mes expériences sur la genèse des ferments à l'aide des végétaux cellulaires rentrant dans la classe des algues. Si même je cherche à donner une interprétation scientifique rigoureuse aux « cellules-germes » que vous avez figurées pl. VIII et IX de vos Etudes, il me semble que vous êtes entièrement d'accord avec moi quant à l'origine algogénique des levûres.

Quoi qu'il en soit, Monsieur, j'aurais eu le désir que vous voulussiez bien mettre à ma disposition une quantité aussi petite que possible de votre mycoderma cerevisiæ pur, afin de l'expérimenter.

Espérant que, dans l'intérêt de la science, vous daignerez faire à ma demande un accueil favorable, je vous prie de recevoir, Monsieur, avec l'expression de mon profond respect, l'hommage de mes sympathies les plus respectueuses,

J. DUVAL.

A la date du 1er mars, M. Pasteur me répondit :

Monsieur,

Je suis en ce moment occupé à des études très-différentes de celles dont vous m'entretenez dans votre lettre du 26 février, et j'ai le regret de ne pouvoir mettre à votre disposition le mycoderme que vous me demandez.

Agréez, je vous prie, l'expression de mes sentiments très-distingués.

L. PASTEUR.

Je tairai tout commentaire, me bornant à regretter à mon tour le *non possum* de M. Pasteur. En attendant, néanmoins, que la lumière soit faite, on me pardonnera, puisque l'occasion s'en présente, quelques observations critiques sur le point litigieux de la question.

§ II. RÉFUTATION DE L'OPINION QUI M'A ÉTÉ GRATUITEMENT PRÊTÉE DE LA TRANSFORMATION DE LA LEVURE ALCOOLIQUE EN LA TORULACÉE PRODUISANT LE DÉDOUBLEMENT DE L'URÉE EN CARBONATE D'AMMONIAQUE.

Comme on l'a pu remarquer par la citation que j'ai empruntée plus haut à M. Pasteur, il semblerait que j'aie affirmé la transformation du ferment alcoolique en celui de l'urée. Or, je répondrai, pour rétablir les faits, que jamais je n'ai rien dit de semblable, attendu que dans mon expérience, la seule que j'aie faite et que j'aie publiée à ce sujet, j'ai eu soin de souligner, au contraire, que sous l'influence de la levure de bière, et après un mois de contact à l'étuve, l'urine sur laquelle j'avais expérimenté présentait encore une *réaction très-acide*. Je cite, au reste, quelques-uns des passages de mon travail (1) :

« Si le ferment de l'urée bien constitué, et quelle qu'en soit la source première, est bien une torulacée présentant quelque analogie avec le *torula cerevisiæ*, il était curieux de savoir si le ferment alcoolique, mis en son lieu et place, pourrait déterminer la même fonction chimique.

» *L'épreuve, poursuivie dans ce sens, s'est montrée négative.* Il y a eu, néanmoins, fermentation avec reproduction levùrienne spéciale, et l'urée mise en expérience a paru se changer en *un corps simplement isomérique.*

» Je cite sommairement l'expérience : 20 décembre 1873, 100 grammes d'urine humaine additionnée de 2 grammes d'urée cristallisée, rétirée de ma propre urine, sont soumis à l'ébullition et filtrés. Nouvelle ébullition dans le ballon à ensemencement et dépôt-contrôle sous lames de verre.

» Au bout de vingt-quatre heures, sédiment gris blanchâtre au fond du matras; la surface du liquide est intacte; pas de dégagement gazeux.

» Le sixième jour, l'urine se voile de quelques taches mycodermiques; à la base, sédiment plus développé; aucun gaz.

» Le douzième jour, 2 janvier 1874, pellicule proligère continue.

» Le 19 janvier, pas de changement apparent; le re-

(1) Cons. *Journ. de l'Anat. et de la Physiol. de M. Ch. Robin*, pages 506 et suivantes. — 1874.

vêtement mycodermique persiste ; mêmes phénomènes constants jusqu'au 16 février. On débouche alors l'appareil.

» Sous les lamelles de verre, du premier au cinquième jour, la segmentation globulaire du nucléus de chaque cellule suit la même marche que chez celles observées pour l'urine à hippurate, et l'on ne sait pas encore si ce phénomène doit être attribué à une simple altération des globules mères ou bien à un véritable travail d'accroissement endogène. Cristaux d'acide urique colorés en jaune ; ces cristaux affectent tous la forme de petits losanges.

» Quelques jours plus tard, la paroi externe des cellules s'est hypertrophiée, et bientôt il a commencé à se former au sein du liquide des expansions de petites cellules ramifiées, à nucléus indistinct. Ces ramifications ont une disposition dichotomique assez régulière, et les articles ovoïdes qui les constituent présentent un diamètre moyen de $0^{mm},002$. Peu à peu, leur accroissement est devenu stationnaire, et le contenu primitivement diaphane des chapelets cellulaires s'est opacifié.

» Le 30 décembre, les globules isolés de levûre primitive, restés à l'état granuleux au milieu du liquide, ont eu, chez un grand nombre, leur enveloppe externe résorbée, et les points mucléolaires centraux, épanchés au-dehors, sont allés vivre dans le liquide ambiant sous forme de corpuscules libres, bactériformes, comme annelés, fissipares, et doués d'un tremblement moléculaire très-apparent.

» Le 7 janvier, même ensemble métamorphique. Le

cycle vital de tous les corpuscule paraît interrompu. »
Le liquide resté dans le matras a présenté les caractères
suivants : RÉACTION TRÈS-ACIDE; odeur mixte d'*urine
fraîche* et de bière; aspect louche; couleur ambrée. La
membrane mycodermique superficielle est formée de
longues chaînes de cellules ovoïdes, quelques-unes très-
étirées, mono, bi ou trinucléolaires, largeur moyenne de
$0^{mm},016$, longueur $0^{mm},062$, à bourgeonnement non dou-
teux. Dépôt inférieur constitué : 1° par une multitude de
bâtonnets simples ou brisés, bactériformes, immobiles
ou ondulant sur place; 2° par des amas cellulaires
diffus, que l'acide acétique rend beaucoup plus nets, et
ne se montrent autres alors que les mêmes organismes
observés à la surface; leur disposition dichotomique est
très-apparente; 3° par de rares cristaux d'oxalate de chaux.

» L'urine filtrée et évaporée au bain-marie jusqu'à
siccité étant traitée par l'alcool à 95 degrés, a donné une
solution ambrée neutre. Le résidu salin a été jeté par
mégarde.

» La solution alcoolique étant évaporée convenable-
ment et traitée par un excès d'acide oxalique, on a pu
obtenir un sel parfaitement cristallisé, à réaction acide.
Ce sel, après dissolution dans l'alcool faible, ayant été
soumis à la double décomposition par le carbonate de
chaux, on a obtenu après réaction une nouvelle solution
neutre. Cette dernière, par l'évaporation spontanée, s'est
enfin résolue en lames cristallines superposées, jau-
nâtres, d'une odeur légèrement balsamique.

» Ce *nouveau corps* est azoté. Il fournit avec l'acide
nitrique comme avec l'acide oxalique des combinaisons

cristallines différant sensiblement au microscope de la
forme des cristaux de nitrate ou d'oxalate d'urée ordinaires.

» Ayant eu trop peu de matière à ma disposition, je
n'ai pu déterminer rigoureusement à quelle *espèce d'urée*
je pouvais avoir affaire, etc. »

En quoi ressemble mon expérience avec la transformation classique de l'urée en carbonate d'ammoniaque?
Quel lien de parenté y a-t-il à établir entre les phénomènes morphologiques qu'il m'a été permis de suivre
de visu et l'apparition naturelle, dans d'autres circonstances, de la petite *torulacée* décrite par M. Van Tieghem
dans la fermentation normale de l'urine? En vérité, je le
demande, et quoiqu'il me répugne de contester les assertions de M. Pasteur, je suis à même, je pense, de lui
prouver, pièces en mains, qu'il s'est fait « illusion »
lui-même sur la portée de mon expérience.

Je n'ai pas répété depuis qu'elle a été faite l'épreuve
que je viens de relater; j'ai seulement essayé l'*action de
la levûre dans un milieu minéral sur de l'urée artificielle*,
et je n'ai obtenu ni phénomène de métamorphisme, ni
transformation chimique quelconque (1). La négativité

(1) Je ferai remarquer que, dans toutes ces recherches, je n'ensemence
à la fois qu'une parcelle impondérable de levûre, ainsi que le fait
M. Pasteur lui-même dans des essais équivalents ; il n'y a donc pas lieu
de redouter ici l'action collatérale de la levûre agissant en masse et
pouvant, par sa propre décomposition, engendrer des phénomènes
chimiques particuliers Lorsque la levûre commence à agir, c'est qu'elle
a déjà subi un développement manifeste; son action, en un mot, est toute
biologique, et dans le cas où la levûre semée est frappée de mort, sa
présence comme quantité dans le milieu où elle se trouve est tellement
minime que son action peut être parfaitement négligeable.

7

de cette deuxième expérience qui n'infère en quoi que
ce soit les résultats de la première mérite, néanmoins,
réflexion. Ce n'est pas la première fois qu'on a remarqué
l'inactivité physiologique des matières organiques obtenues par synthèse, et ce serait là, peut-être, un nouvel
exemple à ajouter à tant d'autres.

Par contre, j'ai obtenu la transformation franche de
l'urée en carbonate d'ammoniaque, en ensemençant de
l'urine rendue stérile par l'ébullition, soit avec les cellules épithéliales de la paroi interne de la vessie, soit
avec du sperme de chien fraîchement éjaculé. L'interprétation de ces épreuves auxquelles je n'oserais présentement m'arrêter ne me paraît pas douteuse; mais
comme, d'une part, il est possible que l'épithélium de la
muqueuse vésicale, malgré que je l'aie lavé à plusieurs
eaux bouillies, ne présentât pas le degré de pureté
physiologique voulu; comme, de l'autre, il serait difficile
de savoir des éléments complexes du sperme, plus ou
moins mélangé de liqueur prostatique, auxquels attribuer au juste l'action décomposante, je crois nécessaire
de faire encore les plus prudentes réserves (1).

§ III. TRANSFORMATION NETTE DE LA LEVURE ALCOOLIQUE
EN LEVURE BENZOÏQUE. — DIFFICULTÉS DE LA
TRANSFORMATION IMMÉDIATE DES LEVURES
LES UNES DANS LES AUTRES. — ETAT
NÉCESSAIRE DES MILIEUX.

M. Pasteur, en combattant mes expériences sur la

(1) Il faut rapprocher ces expériences des fermentations obtenues, il y
a longtemps déjà, par M. Bouchardat, avec les cellules de la masse
cérébrale. — Voir BOUCHARDAT. — C.-R. de l'Ac. d. Sc. t. XVIII.—1844.

transformation de la levûre alcoolique, semble avoir négligé à dessein de parler de la transformation si nette que j'ai obtenue avec le *bihippurate d'ammoniaque* (1). Je me permets, néanmoins, de recommander aux physiologistes intéressés cette expérience qui n'a rien de commun avec les travaux antérieurs de M. Van Tieghem sur le même sujet (2).

La grosse pierre d'achoppement, celle sur laquelle M. Pasteur a le plus insisté, avec juste raison, c'est sur la transmutation de la levûre alcoolique en levûre lactique.

Quoique mon expérience puisse être contestable, et malgré les difficultés pratiques qu'elles présente, ce qui semble me donner gain de cause — et ce dont mon contradicteur ne parle pas — c'est le résultat négatif que j'ai obtenu tout d'abord en opérant sur des liqueurs exclusivement composées de lactine. J'ai répété dernièrement mon expérience de 1874 au laboratoire des Hautes-Etudes de l'Ecole de Pharmacie et, avec du petit-lait neutralisé par le carbonate de chaux, mais non additionné de glucose, je n'ai eu ni fermentation alcoolique, ni catalyse lactique; c'est ce qui m'était arrivé autrefois.

Si ma levûre-semence qui, aujourd'hui comme hier, se montre à mes yeux exempte de ferment lactique, si cette levûre, dis-je, « introduite dans un milieu très-

(1) J. DUVAL. — Transformation du ferment alcoolique en ferment benzoïque. — Fermentation naturelle de l'urine des herbivores. — Dans le *Journ. de l'Anat. et de la Physiol.* de M. Ch. Robin, p. 500.— 1874.

(2) Van TIEGHEM. — Recherches sur la fermentation de l'urée et de l'acide hippurique. — *Ann. Scientif. de l'Ecole Norm.* t. I. — 1864.

propre à la fermentation lactique, » reste entièrement
inactive, il est logique de conclure qu'elle ne renferme
pas de ferment étranger, celui-là tout au moins. D'un
côté comme de l'autre, « le contrôle expérimental direct » réclamé par M. Pasteur me paraît être aussi rigoureux que possible, et j'ai de fortes présomptions pour
croire que, si je me suis trompé, je me suis trompé
contre lui et non pas contre moi; des juges plus im-
partiaux pourront seuls prononcer.

J'ai cru pouvoir établir antérieurement que pour que
le ferment alcoolique pût être en état d'agir sur la lactine,
il était nécessaire de lui donner tout d'abord une petite
quantité de son aliment carboné habituel, c'est-à-dire
au moins quelques traces de glucose. La levûre de bière,
semée à dose en quelque sorte homœopathique, semble
incapable, en effet, de vivre et de se reproduire dans un
milieu où elle ne trouve que du sucre de lait, et la quantité de ferment soluble qu'elle peut céder alors est sans
doute trop faible pour lui permettre même la simple in-
terversion de la lactose en galactose.

Contrairement, d'ailleurs, à ce que professe M. Pasteur
et à ce que j'ai pensé longtemps avec lui, les milieux
« un peu alcalins » ne sont pas ceux qui conviennent
le mieux au développement de la levûre lactique. Cet
être capricieux et mobile s'accommode beaucoup mieux
de milieux *neutres*, voire même *sensiblement acides*, et
j'ai fait maintes fois la remarque que pour que la fermentation lactique ne tourne pas à la fermentation butyrique, il était nécessaire que les liqueurs en activité
restassent normalement acides. C'est là une des raisons

pour lesquelles le carbonate de chaux doit être préféré
aux carbonates ou aux bicarbonates alcalins dans la
saturation progressive de l'acide lactique de nouvelle
formation, et si j'ai pu dire antérieurement que « quel
que soit le temps que se prolongeait la catalyse chimique,
— dans le cas de l'action de la levûre de bière sur le glucose ou la lactose, — on n'avait pas à craindre le passage
de la fermentation alcoolo-lactique à la fermentation
butyrique, » j'ajouterai aujourd'hui que c'est à la seule
condition qu'on laissera les ballons *en repos* et que, depuis le commencement de l'opération jusqu'à la fin, *on*
ne forcera point le liquide acide surnageant le dépôt
calcaire à se saturer complètement par l'agitation du
mélange.

De quelque manière qu'on puisse interpréter la cause
du passage de la fermentation lactique à la fermentation
butyrique dans les procédés ordinaires, je ne serais pas
éloigné de penser que la question de réaction chimique
du milieu n'y joue un des principaux rôles, et il m'est
avis que nous ne devons avoir jusqu'ici que des idées
très-incomplètes sur l'interprétation qu'il convient de
donner à l'état réactif proprement dit dans certains actes
physiologiques.

D'une manière générale, on sait que , si l'acidité
des liquides retarde leur décomposition, leur qualité
alcaline, au contraire, tend à l'avancer beaucoup. Or,
dans la cellule organisée, ce qu'il y a de bien vivant
n'étant que le protoplasma, et ce protoplasma étant toujours de nature protéique, on comprend facilement que
tout ce qui tend à retarder la coagulation de la matière

protéique favorise au même titre la réaction prolongée des diastases vitales.

M. Pasteur met en avant à ce propos une théorie que je crois « inadmissible, » et je ne suis pas le seul, certainement, qui ne partage point son opinion sur ce qu'il pense gratuitement de l'état de *sécheresse* ou d'*humidité* relatives dans lequel seraient sensés rester les germes microscopiques selon qu'on les chaufferait dans un milieu alcalin ou dans une liqueur acide.

« Quant à l'explication, dit M. Pasteur (1), de l'influence de l'acidité ou de l'alcalinité pour diminuer ou pour accroître la température propre à rendre ultérieurement inaltérables les infusions et les matières organiques, quoique ce soit un sujet qui réclame encore des études directes, je suis porté à croire que l'acidité permet, et que l'alcalinité empêche la pénétration de l'humidité dans l'intérieur des *cellules-germes*, associées aux infusions, de telle sorte que chauffer les enveloppes de ces cellules ou les parois de leurs kystes dans un milieu alcalin, c'est chauffer les germes à l'état sec ; les chauffer dans un milieu acide, c'est les chauffer à l'état humide, et l'on sait qu'il y a sous ce rapport une grande inégalité dans la résistance à la température. »

Cette proposition me semble antiphysiologique au premier chef, et c'est, à mon avis, sortir de la question que de voir dans la résistance des proto-organismes, aux diverses températures dans différents milieux, autre chose que des réactions d'albumine pouvant s'expliquer

---

(1) L. PASTEUR. — Etudes sur la Bière. — P. 35.

d'une façon beaucoup plus vraie par le seul concours des connaissances que nous avons en chimie biologique.

. . . .

Ainsi qu'on peut le voir par la lutte critique que je viens d'être obligé de soutenir dans ce chapitre, la transformation des ferments les uns dans les autres est loin d'être un fait entièrement indiscutable.

D'après les expériences nouvelles que je me suis contenté de citer au début, cette question me paraît cependant devoir être prise en sérieuse considération. Plusieurs physiologistes tendent à admettre, aujourd'hui, cette transmutation nécessaire, et M. Trécul, entr'autres, croit non-seulement à la descendance de la levûre alcoolique à la levûre lactique, mais il a observé maintes fois lui-même la filiation contraire, à savoir le passage ascendant et direct de la levûre lactique à la levûre alcoolique. C'est là une autorité qui s'impose sérieusement à la science, et si je ne puis admettre avec M. Trécul l'origine spontanée de la levûre lactique, je crois, néanmoins, ses expériences de la dernière rigueur quant à la transmutation réelle de cette levûre toute faite (1).

M. P. Schützenberger, dont on ne saurait contester l'impartialité dans l'espèce, se basant sur une transmutation d'un autre genre, celle des *mucor mucedo* et *racemosus* en cellules-ferments lorsqu'on les immerge dans les solutions sucrées, ajoute de son côté : « Ce fait prête un appui sérieux aux idées émises par divers savants

(1) Consulter les communications de M. Trécul sur ce sujet à *l'Académie des Sciences* depuis 1868.

sur la transformation des ferments les uns dans les autres, suivant les conditions dans lesquelles ils se trouvent (1), » et M. Schützenberger a raison. Que la transmutation physiologique et morphogénique ait lieu à l'égard du mycelium de diverses mucorinées ou qu'elle ait lieu à l'égard des ferments constitués, c'est tout un, et il est certain que cette question intéressante est loin d'être épuisée.

Un jour ou l'autre, j'ose espérer que M. Pasteur lui-même deviendra transformiste, dans le sens restreint au moins du transformisme appliqué à l'étude des infiniment petits, et ses croyances fondées sur la fonction nettement levûrienne du *mucor mucedo* ne sont qu'un acheminement vers cette idée, qui ne peut que se généraliser (2).

J'ajouterai, pour mémoire, qu'à une époque antérieure M. Pasteur, citant l'expérience de Bail, botaniste allemand, le premier, je crois qui, en 1857, ait cité le fait de la fermentation alcoolique avec le *mucor mucedo*, combattait entièrement les conclusions de ce micrographe. M. Pasteur reconnaît aujourd'hui comme parfaitement avérée la fonction zymique de la moisissure en question ; il combat simplement l'hypothèse de sa transformation en levûre de bière, mais le dernier mot n'a point été dit sur les *conditions naturelles* de cette transmutation.

Parlant, d'ailleurs, dans un autre ordre d'idées,

(1) Schutzenberger. — Les fermentations, — Paris — 1875, p. 53,
(2) L. Pasteur. — Etudes sur la Bière. — Chap. IV,

M. Pasteur, sans le vouloir, revient sur ses premières avances, et si l'on interprète, sans parti pris, les lignes qui vont suivre, on pourra s'en convaincre. « Quand on dit que chaque fermentation a un ferment qui lui est propre, il faut entendre qu'il s'agit d'une fermentation considérée dans l'ensemble de tous ses produits ; cette assertion ne peut signifier que le ferment dont il s'agit ne sera pas capable d'agir sur une autre substance fermentescible, et de donner lieu à une fermentation très-différente.

» Il est encore tout-à-fait inexact de prétendre qu'un seul des produits d'une fermentation entraîne la présence d'un ferment déterminé. Trouve-t-on, par exemple, l'alcool au nombre des produits d'une fermentation et même tout à la fois l'alcool et l'acide carbonique, cela ne signifie point que le ferment doive être une levûre alcoolique des fermentations alcooliques proprement dites. La présence de l'acide lactique n'entraîne pas davantage la présence obligée de la levûre lactique (1). » Si je ne me trompe, M. Pasteur fait ici de grandes concessions à la non-spécificité d'action des ferments ; mais, je n'insisterai pas. Je regrette, au contraire, que la nature même de mon sujet me force à mettre l'illustre savant aussi souvent en cause, mais, en le faisant, je déclare ne vouloir donner à ma polémique aucune tournure privée. En parlant de M. Pasteur, je personnifie seulement l'étude des fermentations ; je vois en lui la doctrine, je laisse la personnalité. »

(1) L. PASTEUR. — *Ibid. Loc. cit.* p. 260.

CHAPITRE VII.

—

NOUVEAUX FAITS DE FERMENTATIONS OBTENUES SANS LE CONCOURS DES FERMENTS CONSTITUÉS. FERMENTATIONS LACTIQUES.

§ I. LES POUSSIÈRES BRUTES, RECUEILLIES DANS L'ATMOSPHÈRE, PEUVENT A ELLES SEULES ENGENDRER LA FERMENTATION LACTIQUE.

1° Constatation directe de l'apparition du ferment lactique sous des lamelles de verre préparées à cet effet.

L'étude de la cellule, appliquée à l'examen de la cause initiale des fermentations, ne peut avoir une portée sérieuse qu'autant qu'on peut l'envisager sous un point de vue d'ensemble. Sans donner à l'intuition une part trop prépondérante dans la prescience des faits, il faut, néan-

moins, reconnaître qu'elle est parfois un guide nécessaire. et sous l'impulsion des phénomènes que je venais
d'observer par rapport à l'action des algues unicellulaires comme ferments alcooliques, il était infiniment
probable que je ne me tromperais pas en étendant leurs
rôles à d'autres phénomènes de même nature. Non-seulement, en effet, ces êtres microscopiques ont pu devenir
entre mes mains des ferments producteurs d'alcool,
mais, l'occasion aidant, je les ai vus se prêt r avec une
égale indifférence au mécanisme de la catalyse lactique.

Je puis me tromper, et, sans le vouloir, être le jouet
d'illusions que je ne puis définir ; je pense, cependant,
être arrivé à une assimilation suffisamment positive pour
que les faits que je vais signaler restent acquis à la
science.

Mes premières recherches sur ce point datent de quatre
années, et, depuis 1874, je pourrais citer au moins douze
cas de fermentations franchement lactiques obtenues
soit avec le *protococcus pluvialis* ou *hæmatococcus,* soit
avec le *protococcus viridis.*

J'aurais pu étendre ces observations à d'autres microphytes ; je me suis borné à ces deux types, néanmoins,
pensant qu'ils suffiraient pour établir, une fois de plus,
la mobilité fonctionnelle de l'utricule végétale lorsqu'on
la place dans un milieu forcé (1).

_____

(1) Dès 1869, — J. Duval — thèse inaug. p. 36 et 37 — ayant remarqué que les poussières vertes de *pénicillium* qui poussent sur les
citrons ou les oranges gâtés, introduites dans des milieux sucrés artificiels, étaient aptes à provoquer la fermentation alcoolique lorsqu'on
forçait leur mycelium à rester plongé dans la masse liquide, j'ai obtenu

Procédant dans cette étude comme je l'avais fait pour
sonder la cause première de la fermentation alcoolique,
j'ai voulu m'assurer tout d'abord de l'activité génésique
des poussières brutes de l'atmosphère, en tant que corps
capables de provoquer à eux seuls la fermentation lactique.

A cet effet, j'ai recueilli dans différents endroits sur
des ballons remplis de glace une certaine quantité de
poussières flottantes, et je les ai introduites telles quelles
dans des appareils maintenus à l'étuve à la température
moyenne de 25 à 30° centigrades. Les appareils dont je
me suis servi dans toutes ces expériences sont ceux que
j'ai décrits antérieurement (1), et, quoique pour faire
l'étude physiologique des poussières de l'air, je n'aie pas
à craindre les causes d'erreurs exclusivement inhérentes
à leur présence, j'ai cru sage de ne changer en aucune
façon mon dispositif ordinaire. Le liquide nourricier

un résultat également positif avec les mêmes poussières semées dans un
milieu propre à fournir de l'acide lactique.

— Dans ma réponse écrite faite à M. Pasteur, en février 1875, à
l'Académie de Médecine, je m'exprimais ainsi à propos de la polygénie du
ferment lactique : « J'ai obtenu dans ces derniers temps une fermentation lactique des mieux caractérisées en me servant, non d'une levûre
toute faite, mais en ensemençant à sa place quelques cellules de *protococcus pluvialis*. C'est là un nouveau fait que je recommande aux méditations
de M. Pasteur, et je l'engage sincèrement à soumettre au critérium de
l'expérience les algues unicellulaires qu'il est facile d'obtenir pures et
qu'on ne saurait confondre avec les ferments proprement dits. »

(1) Voyez les planches avec notes explicatives sur ce sujet, dans le
Journ. de l'Anat. et de la Physiol., 1874, et le *Journ. de Pharm. et de
Chim.*, 1875.

auquel j'ai donné la préférence a toujours été le petit-lait
filtré à limpidité parfaite (1), additionné d'une certaine
quantité de carbonate de chaux précipité, avec traces de
tartrate ou de phosphate d'ammoniaque ; aucune matière albuminoïde, dont on aurait pu supposer la transformation en levûre, n'a été ajoutée aux liquides en expérience.

Je me suis toujours assuré, d'ailleurs, que les liqueurs
sur lesquelles j'opérais et qui, toutes, avaient été, pendant dix minutes au moins, soumises à l'ébullition dans
mes ballons munis de leurs tubes, n'avaient donné lieu
à la production d'aucun gaz ou d'aucune matière organisée. Cet essai à blanc a toujours été fait à la température
à laquelle les liquides devaient rester ultérieurement, et
je l'ai laissé se prolonger à volonté plusieurs jours aussi
bien que plusieurs semaines.

(1) Ayant remarqué, depuis mes premières épreuves, qu'en prenant
certaines précautions, on pouvait obtenir la coagulation du caseum du
lait (caséine et matière grasse réunies), aussi bien à froid qu'à chaud, en
additionnant le lait nature d'un deux centièmes environ d'acide tartrique
ou citrique, je donne actuellement la préférence à cette méthode à froid.
Ceci me permet de conserver dans son état d'intégrité la *lactoprotéine* du
lait jusqu'au moment où je fais bouillir celui-ci dans les ballons, en présence de la craie et, soit que la neutralité du milieu conserve à la matière
albumineuse la plupart de ses propriétés, soit que cette matière soit
facilement assimilée par les ferments, même après qu'elle a subi une
coction prolongée, j'ai pu ainsi supprimer l'addition des sels ammonia-
caux, et la fermentation, qui n'en est que plus franche, met ordinairement
moins de temps à se déclarer.

Il m'est avis, au reste, qu'on ne saurait user impunément de milieux
trop artificiels, et j'ai éprouvé bien des fois des insuccès pour cette seule
raison.

Pour compléter, autant que possible, ces recherches
intéressantes, j'ai essayé également de suivre des yeux
ce qui dans l'air pouvait paraître présider le plus
efficacement à la génération du ferment lactique, et, à
cet effet, j'ai déposé sur des lamelles porte-objet, dans
une goutte de liquide approprié, une parcelle du sédiment solide formé dans la rosée de condensation que
j'avais recueillie sur mes ballons refroidis.

A mon grand regret, force a été pour moi de changer
ici la nature du liquide nutritif, et, à la place de la craie,
j'ai été obligé de substituer soit le bicarbonate de potasse,
soit le sel correspondant à base de soude ou d'ammoniaque La levûre lactique étant ordinairement d'une
petitesse excessive et pouvant être confondue assez souvent avec les granulations moléculaires qu'on rencontre
partout, on comprendra qu'il m'eût été difficile de saisir
le moment précis de son apparition dans une gouttelette
liquide chargée elle-même d'un sédiment amorphe ayant
apparemment le même diamètre, et c'est pour cela que
j'ai été contraint d'employer d'autres bases saturatrices.
Or, ainsi que je l'ai dit au chapitre précédent, un soup-
çon d'acidité convient à l'évolution normale de la levûre
en question, et je ne saurais même m'expliquer pourquoi
elle semble préférer le carbonate de chaux, et après lui
le carbonate de magnésie, pour revètir une forme que je
nommerai typique, par opposition aux formes variées qui
la différencient dans tous les autres cas (1).

(1) A la place du sérum neutralisé, j'ai souvent employé, pour cultiver
les poussières aériennes, soit la décoction de croûtes de pain légèrement
sucrée, soit celle de racines de guimauve ou de turions d'asperges, mais

Quoi qu'il en soit, d'ailleurs, je dois avouer que l'étude simplement optique de la genèse de la levûre lactique est loin d'être une recherche uniforme, et je ne pourrais, quant à présent, me défendre de certaines réserves vis-à-vis de la descendance exacte de cet être que je crois très-polymorphe. N'était la stérilité des liquides non ensemencés, un esprit non prévenu serait tenté d'assigner au ferment lactique une source purement hétérogène.

Dans la plupart des cas, les petits chapelets de granules bourgeonnants qui constituent ce ferment apparaissent, en effet, aux yeux de l'observateur, comme une graine qui se serait développée de toutes pièces, *proprio motu,* dans le liquide le plus limpide ; seules, quelques granulations mobiles et isolées ont précédé son développement.

Dans d'autres circonstances, l'apparition des corpuscules moniliformes ci-dessus désignés est devancée par la formation, également spontanée en apparence, de cellules sphériques dont les bourgeons semblent rayonner autour d'un centre commun, et ce n'est que lorsque leur cycle de développement est arrêté que la levûre lactique paraît entrer en scène. Cette dernière provient-elle de la transformation mutabilitaire des cellules plus

c'est encore l'eau provenant de la cuisson des semences de légumineuses qui m'a paru donner les meilleurs résultats.

J'aurais peut-être pu, avec plus d'avantage, me servir du lait caillé par de la présure ou par d'autre pepsines neutres, voire même des macérations des plantes qui jouissent de la propriété de coaguler le caseum, mais je n'ai pas dirigé mes essais dans ce sens.

grosses observées à l'origine, — cellules qui, entre pa-
renthèses, ressemblent à s'y méprendre au *saccharomyces
minor* d'Engel, — ou bien est-elle une création consé-
cutive et toute indépendante? Je ne saurais le dire. Toujours est-il que, dans les milieux lactiques, les globules
plus volumineux dont je viens de parler se sont entièrement effacés lorsqu'apparaissent les granules bourgeonnants plus petits, et, à ce moment-là, tout le champ du
microscope est couvert de légions de bactéries et de
bactéridies qui ne permettent de suivre en aucune façon
la filiation des générations diverses qui ont paru se suc-
céder.

Comme on le voit, l'étude des séminules aériennes
appliquée directement à la genèse du ferment lactique
est encore très-obscure, et si je puis, pour ma part,
affirmer une seule chose, c'est qu'il existe dans l'air un
je ne sais quoi de substantiel, — probablement de simples
granulations plasmatiques ou bactériennes, — qui em-
pêchent de croire à la génération d'emblée de ce ferment
à l'aide de la matière simplement organique.

Quelqu'entourée de mystère qu'elle puisse paraître,
j'ai tenu, néanmoins, à rendre compte de ce que cette
recherche délicate avait pu me dévoiler.

2° Phénomènes observés dans les ballons à milieux lactiques ensemencés avec les poussières.

Pour en revenir à l'action des poussières de l'air dans
les liquides sucrés propres à subir la transformation

lactique, voici ce qui se passe le plus ordinairement dans les ballons d'essai.

Le premier jour de l'ensemencement, on n'observe aucun phénomène apparent, mais, dès le lendemain ou je surlendemain, la liqueur ambrée *limpide* qui surmonte le dépôt de craie commence à se troubler dans toute son étendue. Il ne se produit encore aucun dégagement gazeux, et si l'on a fait plonger l'extrémité du tube sinueux conducteur des gaz dans le mercure ou dans l'eau, on remarque, au contraire, un léger phénomène d'absorption reconnaissable à ce que la colonne aqueuse ou mercurielle remonte sensiblement en arrière. — Au début de toutes les fermentations lactiques, j'ai observé ce même phénomène. — Bientôt, le trouble primitif s'accentue de plus en plus, et l'on a alors affaire à une liqueur semi-lactescente que les rayons visuels ne peuvent plus traverser que sur les bords de la zône superficielle ou au contact du dépôt solide.

Entre ces deux premiers temps, l'on voit apparaître assez souvent dans la masse liquide de fins filaments byssoïdes provenant d'un essai de développement des spores de mucédinées semées avec tout le reste, mais, dans tous les cas, si l'on a eu soin d'imprimer au liquide un mouvement giratoire suffisant pour bien noyer tous les corpuscules au moment de l'ensemencement, il ne se forme à la surface aucun mycelium, ni aucune fructification Je ne puis rien préjuger quant à l'action ultérieure de ces tubes mycéliaux, si tant est qu'ils jouent ici un rôle quelconque.

Lorsque la liqueur est devenue uniformément trouble,

8

il n'est pas rare de voir apparaître à sa surface une ou deux taches mycodermiques, et même davantage, mais ces pellicules demi-transparentes ne restent là qu'un temps très-éphémère, et elles retombent bientôt au fond du ballon. Dans d'autres circonstances, il ne se forme aucune production de cette nature.

Quoi [qu'il en soit, l'ébranlement fermentescible est désormais devenu manifeste : de grosses bulles viennent crever au sommet du liquide et l'on peut recueillir le gaz qui s'en échappe ; c'est de l'acide carbonique toujours mélangé d'air et présentant l'odeur du petit-lait frais.

Au bout du cinquième ou du sixième jour, le dégagement est à son maximun d'intensité, et le liquide, légèrement agité, se montre plus ou moins visqueux.

Lorsque cet état filant du milieu a progressé, le dégagement diminue et le gaz a pris alors une odeur désagréable. C'est le commencement de fermentations concomitantes, mannitique, butyrique, propionique et peut-être d'autres encore, et il est temps de mettre fin à la réaction, si l'on veut examiner la nature du ferment qui s'est développé.

Lorsqu'on laisse les choses dans l'état où je viens de l'indiquer, c'est-à-dire lorsqu'on a eu soin de ne pas secouer les liqueurs ou de ne les agiter que fort peu, on remarque au niveau du dépôt calcaire, qui n'a jamais entièrement disparu, une couronne gris-jaunâtre, muciforme ; c'est là qu'il convient d'aller chercher le ferment, quoique, à la rigueur, on pourrait en faire une prise un peu partout dans le magma fermentant.

Au microscope, le dépôt observé offre toujours plusieurs formes distinctes, et, de même que sous les lamelles de verre-contrôle, il y a là des organismes différents d'allures ; ce sont toujours, néanmoins, des corpuscules très-petits. La plupart sont constitués par des cellules ovoïdes, assez allongées, d'un diamètre moyen de 00^{mm},0018, marquées de deux et rarement trois nucléolules brillants ; ces cellules vivent isolées ou sont rapprochées par groupes de deux ou trois. A côté d'elles, on rencontre aussi des articles plus gros, sphériques, à contenu protoplasmique granuleux, ce qui leur donne parfois un aspect framboisé. Enfin, au milieu de cet ensemble, on aperçoit des granulations diaphanes, sphériformes, isolées ou accolées deux à deux en forme de petits 8 renflés, ainsi que des bâtonnets linéaires, les uns mobiles, les autres immobiles ; je n'ai pas parlé du dépôt calcaire amorphe, pas plus que des longues aiguilles cristallines de lactate qui accompagnent ordinairement le tout.

Le sédiment levûrien observé dans cette circonstance ne saurait constituer une levûre lactique homogène, et je n'insisterai pas plus sur sa valeur physiologique que sur sa forme. Cette expérience, n'en est-il pas moins vrai, prouve l'activité réelle des poussières aériennes dans les fermentations lactiques, et c'est tout ce que je recherchais (1).

(1) Le ferment engendré une première fois peut se régénérer de nouveau, même après dessication, dans un milieu favorable, et l'on peut retirer de la liqueur une quantité de lactate de chaux qui n'a de limite que dans la quantité relative des masses que l'on a assujetties à la réaction.

3° Fermentations mixtes alcoolo-lactiques.

Au moment où j'ai commencé mes essais sur l'action des poussières de l'air dans les milieux lactiques, je n'avais nullement songé à la production possible de l'alcool, lorsqu'un jour, ayant eu l'idée de préparer mon sérum en additionnant le lait d'une certaine quantité de jus de raisin très-acide, je crus remarquer une odeur spiritueuse au liquide du ballon qui avait reçu ce petit lait. Malgré que l'odeur qui attira mes soupçons fût masquée par celle de l'éther butyrique qui semblait également s'être formé, je ne fus pas surpris de rencontrer l'alcool parmi les produits de la distillation de la liqueur mise en expérience, et, fait beaucoup plus curieux, je constatai que la quantité d'alcool formée, trois pour cent, était certainement bien supérieure à celle qu'aurait pu normalement donner le glucose renfermé dans le suc naturel que j'avais ajouté primitivement au lait. Les poussières de l'air, en cette occurrence, avaient donc également évolué en ferment alcoolique, et la quantité d'alcool était telle, que la lactine elle-même, malgré la neutralité du milieu, avait dû subir partiellement la fermentation alcoolique.

J'ai répété mon expérience dernièrement à l'Ecole de Pharmacie en ensemençant dans un milieu lactique additionné d'une très-faible quantité de suc de coings l'eau de lavage de sarments de vigne que j'avais fait venir des environs d'Alais, dans le Gard, au milieu du mois de mars, et, après un mois de contact à l'étuve, je con-

statais dans les liqueurs, en plus du lactate et du butyrate de chaux, trois centièmes également d'alcool
absolu.

Il reste donc avéré que, dans les milieux lactiques avec
traces de glucose, il y a formation d'une quantité d'alcool relativement très-grande, et ce phénomène, qui con-
corde entièrement avec ce que j'ai remarqué dans les
fermentations lactiques provoquées par la levure alcoolique en présence de liqueurs glycoso-lactiques, tend à
prouver la priorité d'action de cette dernière, ce dont
on peut s'assurer, au reste, en distillant les liquides dès
le troisième jour de l'expérience. — Dans l'épreuve à
poussières de sarments de vignes que j'ai citée en dernier lieu, le dépôt organisé, au moment du débouchage
du ballon, n'était plus constitué exclusivement que
par des corps bactériformes doués du mouvement
brownien.

— Quelque précaution que j'aie prise, il m'a été impossible, en faisant usage des poussières comme corps
catalysant, d'obtenir une fermentation exclusivement
lactique et, en opérant avec le glucose en place du sucre
de lait, les résultats ont été encore plus embrouillés. En
employant ici le mot exclusivement, je n'entends pas,
d'ailleurs, qu'il soit pris à la lettre, mais simplement
dans le sens le plus relatif possible. Tous les chimistes
qui se sont occupés de la fermentation des sucres propres
à fournir la molécule d'acide lactique savent combien il
est difficile d'arriver à des résultats tranchés, et je ne
saurais avoir la prétention dans cette étude qui touche
simplement à la cause initiale du phénomène d'expli-

quer le pourquoi des réactions connexes qui l'accom--
pagnent.

La fermentation alcoolique, malgré qu'elle puisse être
représentée par une équation plus rigoureuse, n'est pas
elle-même une réaction chimique simple, et l'on sait
aujourd'hui qu'en dehors de l'acide succinique, trouvé
par MM. Schmidt et Schunck, et de la glycérine signalée
complémentairement par M. Pasteur, il se forme, en
outre, dans cet acte physiologique, une certaine quantité de matière gommeuse et, qui plus est, des traces
toujours appréciables d'alcools d'un poids atomique
différent de l'alcool éthylique.

C'est le propre des phénomènes chimiques qui sont
tributaires de réactions vitales de donner lieu aux productions les plus complexes, et si, dans la fermentation
dont je m'occupe présentement, les produits de la désassimilation paraissent l'emporter de beaucoup en qualité
sur ceux qui sont assimilés, cela ne veut pas dire qu'il
faille pour cela autant de ferments qu'il y a de réactions
observées. Je pense, au contraire, qu'en présence du
milieu instable qui lui est fait, le même ferment peut
devenir apte à réassimiler plusieurs fois le produit de
son excrétion première, d'où la succession des phénomènes multiples mis à l'avoir du ferment primitif Ceci
dit, je passe aux fermentations lactiques provoquées par
d'autres organismes que les cellules-ferments.

---

§ II. — FERMENTATIONS LACTIQUES PROVOQUÉES PAR LES CELLULES DU PROTOCOCCUS VIRIDIS ET PAR CELLES DE L'HŒMATOCOCCUS.

— Je prends au hasard dans mes notes trois expériences faites, la première en novembre 1874, les deux autres simultanément dans le mois de mai 1876.

A la première date, 13 novembre, je soumets à l'ébullition dans un ballon de 1,500 c. cubes de capacité le mélange suivant :

Petit-lait tartrique limpide, préparé à chaud (1). .   1,000 c. c.
Sucre de lait pulvérisé. . . . .   50 gr.
Carbonate de chaux précipité (2). . . . .   50 »
Asparagine cristallisée. . . . .   2 »

Je laisse l'ébullition se prolonger pendant plusieurs minutes, en ayant soin de ne fermer avec la pince de Mohr le caoutchouc qui surmonte mon tube ensemenceur que lorsque la vapeur en sort brûlante, puis j'abandonne le tout dans l'étuve, à la température moyenne de 26°, jusqu'au 20 novembre.

Ce jour-là, mon ballon étant resté indemne, et la li-

(1) Le lait dont je me suis servi, essayé au réactif cupro-potassique, titrait 51,57 de lactine par litre.

(2) Autant que possible, je donne la préférence au carbonate récemment précipité, lavé et simplement égoutté, dont je prends la quantité voulue, rapportée à celle qu'il donnerait, s'il était bien sec.—Ce carbonate hydraté évite les soubresauts produits pendant l'ébullition du mélange introduit dans le ballon, et j'ai ainsi beaucoup moins à craindre les ennuis que provoquent toujours les expériences qu'il faut recommencer.

queur surnageant le dépôt blanc ayant conservé une limpidité irréprochable, je procède à l'ensemencement de quelques cellules rouges de *protococcus pluvialis*. Ce proto-organisme présente l'avantage, à cause de sa grande densité (1), de pouvoir être lavé par décantation à l'instar d'un précipité chimique, et, pour la même raison, il tombe de lui-même sans agitation aucune au fond des liqueurs sur lesquelles on veut le faire agir.

L'ensemencement a été fait à la date indiquée, à onze heures du soir. Le lendemain, à midi, on n'aperçoit aucun changement dans l'état de la liqueur ; dans la soirée du même jour, légère apparence de trouble.

Le 22 novembre, tendance à la lactescence ; pas d'émission de gaz.

Le 23, quelques taches mycodermiques recouvrent la surface du liquide. Le dégagement commence, et l'on peut compter trois bulles gazeuses par minute.

Le 24, voile mycodermique plus développé ; sept bulles de gaz par minute.

Du 25 au 29, le dégagement continue régulièrement,

(1) J'ai pu me procurer en assez grande quantité ce protococcus en le ramassant en hiver à même des glaçons formés sur les dalles de plomb des bassins du parc de Versailles. — Est-ce au plomb qu'il renferme qu'il doit son poids élevé ? Je ne sais ; toujours est-il que j'y ai constaté la présence de ce métal avec la plus grande facilité. — Tel que je l'ai employé dans l'expérience ci-dessus, il était desséché depuis un an, et celui dont j'ai fait usage en 1876, provenait de la même récolte.—Au mois d'août 1877, je m'en suis servi à nouveau, et je l'ai trouvé aussi actif que le premier jour. — Avis aux chercheurs qui s'occupent de la résistance vitale des êtres microscopiques.

et le gaz qui n'était primitivement qu'un mélange d'air et d'acide carbonique est devenu alors entièrement absorbable par la potasse. Le mycoderme se dissocie et tombe.

Du 29 novembre au 2 du mois suivant, le dégagement diminue d'intensité, et il semble même, à certains moments, s'arrêter brusquement. Les bulles qui viennent crever au niveau supérieur du liquide sont très-grosses, d'apparence mousseuse, et le gaz essayé dans le tube où on le recueille renferme alors un peu d'hydrogène ; ce mélange gazeux est devenu odorant.

Le 3 décembre, la liqueur a pris un aspect muqueux : on arrête l'expérience.

Le lactate de chaux, recueilli après la première cristallisation de la liqueur qu'on a filtrée, bouillante, pèse 37 grammes. — Sur le filtre, il est resté un mélange de butyrate et de carbonate de chaux insolubles ; ce mélange, après dissolution dans l'acide chlorhydrique étendu, laisse un faible résidu de matières qui, lavées et recueillies sur un petit filtre, dégagent des vapeurs ammoniacales lorsqu'on les chauffe au contact de la chaux sodée ; ce ne sont donc que des matières protéiques ou des matières organisées mortes.

A l'examen microscopique, j'ai trouvé à même des taches grises de consistance glaireuse qui s'étaient développées sur le niveau du dépôt crayeux deux sortes d'organismes. Les premiers étaient formés de cellules en massue, à contenu granuleux, d'un diamètre double au moins de celui des globules de levûre de bière normale ; les seconds, beaucoup plus petits, réfractant fortement la

lumière, et ressemblant comme allure au ferment acétique. Les grosses cellules étaient isolées ; les plus ténues, au contraire, étaient rassemblées en amas diffus.
J'ai observé, chemin faisant, une cellule de protococcus
qui n'avait pas paru subir d'autre modification qu'une
décoloration complète de son contenu ; elle avait conservé sa double paroi, et l'on aurait dit un petit cerceau
transparent en travers duquel on aurait tendu une gaze
invisible.

— Les deux ballons que j'ai préparés, le 2 mai 1876,
renfermaient chacun :

Petit-lait tartrique, fait à froid.	1,000 c. c.	
Sucre de lait pulvérisé.	50 gr.	
Suc de raisins blancs.	50 »	
Carbonate de chaux précipité.	50 »	

Après les manipulations d'usage, j'ai laissé ces mé-
langes à l'étuve jusqu'au 18 mai. A cette époque, le tout
est parfaitement intact ; une couronne de petits cristaux
transparents (de lactine ou de tartrates) s'est simplement
développée sur les parois des ballons ; la limpidité des
liqueurs est absolue. — Je sème alors, — dix heures et
demie du matin, — dans l'un des ballons une trace
d'*hœmatococcus* délayée dans l'eau ordinaire bouillie,
et dans l'autre quelques cellules de *protococcus viridis*
(*minor*), préalablement imbibées d'eau sucrée, bouillie
et refroidie.

Voici, en résumé, les résultats observés *de visu* dans
chacun des ballons mis en expérience ; je les mets en
parallèle, afin d'en faire mieux saisir la concordance :

DATES.	BALLON A PROTOCOCCUS.	BALLON A HŒMATOCOCCUS.
Mai, 18 (minuit).	Rien.	Trouble apparent.
» 19	Trouble à peine sensible. Rares bulles gazeuses. Pas de mycoderme superficiel.	Trouble plus prononcé. Bulles gazeuses continues. Une tache mycodermique.
» 20	Trouble général. Léger voile mycodermique. Dégagement régulier.	Lactescence. Membrane mycodermique presque continue. Dégagement régulier.
» 21	Voile de la surface plus prononcé. *Le dégagement est presque interrompu.*	La membrane mycodermique se disloque. *Le dégagement est totalement arrêté.*
» 22	La membrane mycodermique s'efface. Le dégagement recommence ; cinq bulles à la minute ; c'est de l'acide carbonique avec un peu d'air, car le pyrogallate de potasse brunit encore.	Le dégagement reprend ; huit bulles à la minute ; c'est de l'acide carbonique presque pur ; sur dix cent. cub. de gaz, une demi-division seulement reste non absorbée par la potasse.
23-24-25-26	Dégagement très-prononcé. Acide carbonique pur.	Dégagement très-prononcé les deux premiers jours ; il diminue le troisième, et a cessé le quatrième. Acide carbonique avec traces d'hydrogène.
» 27	Le dégagement diminue. Des masses boursouflées blanc mat commencent à se former sur les parois du ballon.	Plus de gaz. La liqueur cristallise, et les cristaux restent empâtés dans un liquide un peu visqueux.
» 28	Le dégagement a cessé. La cristallisation se généralise. L'eau-mère, quoique trouble, n'est point visqueuse.	Liqueur prise en masse, d'apparence marbrée et grenue.

On laisse les ballons en place pendant un mois, sans les toucher, et durant tout ce temps leur contenu paraît frappé d'inertie.

Au moment où on les débouche, on note les particularités suivantes :

A. — Le liquide du ballon à protococcus verts a une odeur aigrelette et piquante, agréable. Sa réaction est très-acide et reste telle après l'agitation. Sa saveur n'est point amère, comme cela se remarque toujours pour les fermentations mixtes lacto-butyriques.

Les organismes qu'on y rencontre, mélangés au magna spongieux de lactate, sont de trois espèces, ce sont : 1° des cellules fusiformes marquées de deux ou trois points nucléolaires brillants ; leur longueur est double de celle de la levûre de bière, et leur diamètre moitié moindre ; ces microphytes doivent n'être probablement que des vestiges du voile formé à la surface du liquide dans les premiers jours ; 2° des micrococcus mobiles, accolés ordinairement deux à deux ; 3° des bactéridies linéaires, immobiles, isolées ou réunies par chaînettes de deux ou trois ; elles sont très-réfringentes. Au milieu du tout, on observe un sédiment minéral, partie amorphe, partie formé de groupes de cristaux en aiguilles rayonnant du centre à la circonférence ; d'autres aiguilles, véritables raphides d'une finesse et d'une longueur démesurées, nagent seules au milieu du liquide ; c'est peut-être de la mannite ?

Une petite quantité de la liqueur, soumise à la distillation, donne un produit alcoolique neutre, titrant 1,5 pour cent d'alcool absolu, ce qui, rapporté au volume

total de la liqueur primitive, donne sensiblement
15 grammes d'alcool formé pendant la réaction.

L'ébullition du liquide se fait très-facilement dans la
petite cucurbite de verre de l'appareil Salleron employé
pour la recherche de cet alcool, et je crois devoir noter
ce détail pratique, attendu que, lorsque le produit de la
fermentation est sensiblement butyrique, le liquide
mousse considérablement, même s'il est très-peu chauffé,
et l'on a alors beaucoup de mal à conduire l'opération.
Dans ce dernier cas, on remarque, en outre, que le liquide se trouble toujours en bouillant, par suite de la
précipitation du butyrate de chaux, moins soluble à
chaud qu'à froid.

La totalité du produit du ballon, soumise à l'ébullition
dans une capsule de porcelaine, et filtrée bouillante, a
donné le lendemain comme première cristallisation un
lactate de chaux fort beau, lequel, lavé et desséché, pe-
sait 77 grammes. Il n'est resté sur le filtre qu'un faible
résidu solide, faisant effervescence avec les acides.

B. — Le ballon à protococcus rouges possède une
odeur piquante et éthérée. La réaction de son contenu
reste acide après l'agitation; sa saveur est légèrement
amère.

Les organismes qu'il fournit sont : 1° des cellules fusiformes analogues à celles rencontrées dans le ballon
ci-dessus ; 2° des bactéries à extrémités arrondies, groupées deux à deux ou quatre à quatre ; 3° des bactéridies
courtes, réfringentes, immobiles, libres ou se tenant
deux par deux ; leur extrémité est renflée et semble si-
muler un crochet, selon que l'on met plus ou moins au

point; 4° de rares cellules, solitaires, sans nucleus, et
qu'on prendrait pour des globules graisseux, si l'éther ne
restait pas sans action sur eux; elles ont le diamètre des
cellules de saccharomyces. La partie purement minérale
est formée d'aiguilles groupées en faisceaux et d'un
sédiment amorphe et opaque.

A la distillation, la liqueur donne 2,2 pour cent d'alcool à réaction légèrement acide, soit 22 grammes d'alcool pour la totalité de la masse fermentante.

La quantité de lactate fournie à la première cristallisation est de 68 grammes. Il est resté sur le filtre un
résidu onctueux, blanc sale, légèrement odorant et peu
effervescent.

§ III. — MÉCANISME PHYSIOLOGIQUE COMPLEXE DE LA

FERMENTATION LACTIQUE. — LACUNES QUI RESTENT

A COMBLER DANS L'ÉTUDE DE CETTE

FERMENTATION.

Dans les trois fermentations dont je viens de parler
successivement, je n'ai eu en vue qu'une chose : étant
donné un milieu frappé de stérilité, prouver qu'on pouvait y provoquer la fermentation lactique en l'ensemençant avec des organismes non ferments, et je crois, sans
conteste, y être parvenu.

On ne saurait voir, néanmoins, dans ces expériences
le modèle achevé d'une fermentation lactique, car, si
elles réussissent, elles n'en sont pas moins un peu contre
nature, et il ne faudrait pas leur faire dire plus qu'elles
ne peuvent prouver. C'est pour cela que j'ai insisté sur—

tout quantitativement sur le lactate de chaux produit
dans la première expérience, ainsi que sur le lactate et
l'alcool fournis ensemble dans les deux dernières. J'ai
laissé de côté, ou à peu près, les butyrates, les propio-
nates, les acétates, la matière gommeuse, la mannite et
les autres corps qui ont pu se former plus ou moins en
même temps, et je ne pourrai sérieusement m'occuper
de la recherche et du dosage de tous ces corps que lorsque j'aurai pu opérer sur une plus grande échelle.

En agissant sur quatre litres de liqueur, dans le but
de faire de l'acide lactique pour mon usage personnel,
j'ai pu retirer de milieux renfermant de 250 à 300 gram.
de matière sucrée une quantité d'acide lactique représentée à la fois par 125 à 150 grammes de lactate de zinc
cristallisé, pur, mais j'ai employé alors la levûre de
bière comme ferment, et mes recherches, on le sait,
avaient un autre but.

Une question qui resterait à résoudre touchant les fermentations précédentes serait celle de savoir, des organismes multiples observés après la réaction, auxquels
attribuer la plus grande part dans l'acte physiologique
principal. Jusqu'à nouvel ordre, je dirai que je l'ignore
complètement, et si je hasardais une simple opinion, ce
serait celle de penser à une action semi-collective de tous
les organismes. Je ferai des restrictions seulement pour
le cas où les fermentations lactiques que j'ai provoquées
ont débuté par la fermentation alcoolique, et j'ai pu
m'assurer deux fois, dans d'autres épreuves, qu'en dé-
bouchant les appareils le troisième ou le quatrième jour,
alors que la fermentation commencée subissait le temps

d'arrêt que j'ai indiqué dans les deux expériences parallèles ci-dessus, il y avait alors prédominance très-grande des organismes d'un diamètre élevé sur ceux qu'on observe plus tard, ayant la physionomie des micrococcus et des microbactéries. Le temps d'arrêt que je signale, et sur lequel je crois bon d'insister, semble lui-même, *à priori,* confirmer l'hypothèse d'après laquelle le ferment lactique, dans les cas précités, subirait un travail d'incubation à même les cellules alcooliques générées les premières ; je ne puis, cependant, fournir aucune preuve directe à l'appui de cette thèse.

Si les faits que je viens d'émietter manquent de suite, et sont creusés de nombreuses lacunes, la faute en est à l'aridité du sujet, et je pourrais même dire à sa nouveauté, malgré que la catalyse lactique, en dehors de la question de physiologie qui s'y rattache depuis les travaux de M. Pasteur, soit connue de vieille date

La fermentation lactique, envisagée plus exclusivement au point de vue de son ferment ou de ses ferments producteurs, a été jusqu'ici, en effet, l'objet de peu de recherches suivies, et, à part les premières études du savant que je viens de citer (1), je n'ai guère vu qu'un mémoire original abordant de front cette délicate question. Dans ce mémoire, de publication toute récente (2), je relève les passages suivants : « Le ferment lactique

(1) L. PASTEUR. — Mémoire sur la fermentation appelée lactique. — *Compt.-Rend. de l'Ac. d. Sc.,* t. XLV, 1857.

(2) L. BOUTROUX. — Note sur la fermentation lactique. — *Comp.-Rend. de l'Ac. d. Sc.,* t. LXXXVI, p. 605, mars 1878.

se présente *le plus ordinairement*, à l'œil nu, *sous la forme d'un voile* placé à la surface du liquide où on le cultive, *voile d'une très-faible ténacité*, et souvent d'une épaisseur irrégulière, se disloquant en lambeaux écailleux. Au microscope, on voit qu'il est constitué par des cellules ova'es disposées ordinairement par groupes de deux, égales, placées bout à bout, souvent aussi en chapelets de forme plus ou moins courbe. *Les dimensions des cellules sont très-variables.* La largeur varie environ entre 1 et 3 millièmes de millimètre ; la longueur est à peu près double. *La forme même n'est pas absolument fixe.* Au début de la fermentation, on trouve fréquemment de très-grosses cellules à peu près sphériques ; d'autres présentent en leur milieu un étranglement plus ou moins profond, qui leur donne en coupe à peu près la forme d'une lemniscate ; d'autres sont divisées par une cloison transversale ; enfin, on rencontre des chapelets dont les grains vont en diminuant de grosseur, et se rapprochant de la forme normale ; quelquefois deux chapelets partent d'une même cellule, très-grosse, sphérique. A mesure que la fermentation s'avance, les formes se régularisent, les cellules deviennent d'une grandeur uniforme ; enfin, quand la fermentation est terminée, on ne voit plus que des grains fins, en groupes tout-à-fait irréguliers, souvent très-serrés.

..... » Pour que le milieu soit propre au développement (du ferment), il faut de l'oxygène à l'état libre. Si, après avoir ensemencé un mélange sucré, on fait le vide sur le liquide, ou si, avant et après l'ensemencement, on fait passer dans le liquide un courant d'acide carbo-

9

nique privé de poussières, aucun développement n'a
lieu, le liquide ne subit aucune altération.

..... » Lorsque la fermentation est terminée, le voile
tombe au fond en se disloquant, sous l'influence de la
moindre agitation; mais il garde sa vitalité. Je n'ai pas
constaté la formation de spores; les cellules se con-
servent sans être transformées.

..... » En s'appuyant sur d'autres expériences (que
l'auteur, M. L. Boutroux, doit publier plus tard), on peut
considérer le ferment lactique et le *mycoderma aceti*
comme un seul et même organisme dont les fonctions
varient avec la composition du milieu nutritif. »

Quoique dans ce travail, fait à l'instigation de M. Pasteur, l'auteur ne donne pas la composition du milieu
qu'il a employé; quoiqu'il ne dise pas davantage si la
fermentation qu'il a obtenue a été exclusivement lactique,
il n'en est pas moins vrai qu'il y a concordance entre
les faits qui y sont signalés et ceux que j'ai constatés depuis longtemps quant à la variabilité des formes que
peut revêtir le ferment lactique. Le polymorphisme ou
la descendance des cellules plus grosses aux corpuscules
purement granulaires s'y trouve suffisamment indiquée
pour qu'il n'y ait point d'équivoque, et si l'on considère
que l'on a dû n'employer là que du ferment lactique
normal, plusieurs fois régénéré, la notion d'une mutabilité morphogénique nécessaire et correspondant aux diverses phases de la fermentation lactique n'en ressort
que plus nettement

La formation d'une membrane mycodermique et son
besoin d'oxygène gazeux dans la fermentation lactique

sont une variante nouvelle dans l'histoire de cette fermentation. M. Pasteur, dans le premier mémoire qu'il
a publié à ce sujet, ne parle, en effet, de la formation
d'aucune trame organisée quelconque à la surface des
liquides sur lesquels il a expérimenté, et il ne lui semble
pas, du moins je le suppose, qu'il y ait *besoin* dans la
fermentation en question de l'apport d'un mycoderme de
la nature du ferment acétique; cette coïncidence n'aurait certainement pas échappé à sa sagacité.

La similitude dans la forme n'entraîne point évidemment, d'une façon fatale, la parité dans la fonction, et je
sais bien que M. Boutroux, en disant que la levûre lactique et le ferment acétique doivent être un seul et même
organisme, a soin d'assigner à chacun une mission dif-
férente et corrélative du milieu où ils doivent vivre. Ce
n'est, certes, pas à moi de combattre de parti pris ces
rapprochements qui confirment ma manière de voir ;
mais je dois à la vérité de dire que certaines expériences
que j'ai faites il y a longtemps déjà sont, sur ce point,
un peu en désaccord avec les assertions de M. Boutroux.
Ce chimiste, si on l'a bien remarqué, considère la catalyse lactique comme terminée lorsque le voile superficiel
est retombé au fond des liqueurs, et sa vertu catalysante
ne peut s'exercer qu'à la condition de lui fournir, depuis
le commencement jusqu'à la fin, de l'oxygène libre et
incessamment renouvelé.

Or, dans mes expériences personnelles, la fermentation lactique, celle qui se traduit, en un mot, par la formation de l'acide organique réagissant sur le carbonate
de chaux dont il chasse l'acide carbonique, dans mes

expériences, dis-je, le dégagement gazeux n'atteint son
maximum d'intensité que lorsque le voile superficiel est
entièrement noyé, et il continue pendant plusieurs jours
encore, malgré qu'il ne se reforme à la surface aucune
trace visible d'un organisme quelconque. Dans la crainte,
qui plus est, que la formation des membranes mycodermiques ne soit une entrave à la conduite régulière de la
fermentation lactique, j'avais imaginé, à tort ou à raison,
au début de mes recherches, d'en empêcher la formation, et, pour cela, je saturais autant que possible l'atmosphère de mes ballons d'acide carbonique inerte.
Quelque moyen que j'aie employé, le voile mycodermique s'est toujours formé, et je n'ai pas même noté qu'il
fût moins volumineux dans un cas que dans l'autre. Je
ne faisais point passer l'acide carbonique dans mes ballons avant l'ensemencement, c'est vrai, mais à diverses
reprises ; une fois cet ensemencement terminé, il m'est
arrivé d'adapter au tube ensemenceur de mes appareils
un tube de cuivre rouge, long de cinquante centimètres,
communiquant avec une source d'acide carbonique, et
pendant tout le temps que passait le gaz, j'avais soin de
chauffer très-fortement à la flamme ce tube métallique
dans sa partie médiane. Je ne contesterai point que, de
la manière dont j'opérais, il ne restât une certaine
quantité d'oxygène libre dans mes ballons, — cet oxygène étant nécessaire tout au moins pour la vie aérienne
temporaire de mes mycodermes, — mais afin de chasser
la plus grande quantité d'air possible, je m'arrangeais
de façon à ce que le dégagement fût aussi faible que
possible, et je pensais par là permettre à l'acide carbo-

nique, en descendant lentement dans le ballon, de se substituer petit à petit à l'air moins dense que lui (1).

Je n'avais attaché aucune importance à ces expériences de fermentation lactique faites au contact d'une atmosphère confinée chargée d'acide carbonique (2), et je n'en aurai point parlé, si je n'avais point vu la note précitée de M. Boutroux.

Si je suis d'accord avec ces avant par rapport à la variabilité des formes levûriennes que peut revêtir le ferment lactique, je suis obligé, néanmoins, de faire des réserves quant au mode de respiration de ces levûres.

A prendre les choses par leur côté réel, mes expériences propres, dans tous les cas, confirment la théorie de M. Pasteur quant à la qualité anaérobie, qualité purement relative, des levûres en général, et si l'on réfléchit au jeu de la catalyse lactique, en particulier, il sera facile de se convaincre que, là moins que partout ailleurs, les phénomènes d'oxydation ne sont réellement utiles. Le dédoublement de la molécule de lactine en deux demi-molécules plus simples formant l'acide lactique ne nécessite en aucune façon l'apport de l'oxygène, et si ce gaz paraît nécessaire, c'est beaucoup plutôt pour satisfaire aux conditions vitales des réactions connexes qui accompagnent toujours la fermentation lactique que

(1) J'ai fait une fois cette expérience à blanc pour m'assurer que le courant d'acide carbonique n'amenait point de germes avec lui, et la stérilité a été la même après, aussi bien qu'avant le passage du gaz.

(2) Je les aurais plutôt jugées défavorables en ce sens qu'elles m'avaient paru faciliter le passage de la fermentation lactique à la fermentation butyrique.

pour s'immiscer au mécanisme direct de cette fermentation elle-même.

Si les phénomènes biologiques observés par M. Boutroux sont mathématiquement vrais, la théorie chimique
de la fermentation lactique semble entièrement à refaire ;
à l'expérience de prononcer. N'ayant, pour mon compte,
étudié jusqu'ici les fermentations lactiques que dans des
conditions anormales, je ne saurais porter un jugement
définitif sur la matière, et si je me suis permis de mettre
mes épreuves en parallèle avec celles de l'auteur, c'est,
non pas pour les désapprouver, mais, au contraire, pour
susciter de nouvelles recherches de la part des chimistes
compétents.

CHAPITRE VIII.

—

ESSAIS DE FERMENTATIONS AVEC LA CHLOROPHYLLE ET LES PARENCHYMES SANS MATIÈRE VERTE.

§ I. — ESSAIS DE FERMENTATIONS ALCOOLIQUES AVEC LA CHLOROPHYLLE DES PLANTES PHANÉROGAMES.

J'ai dit au chapitre Iᵉʳ, page 12, qu'en déposant dans du jus de raisins limpide, et rendu stérile une certaine quantité de la pulpe de raisins nature, je n'avais pu obtenir de fermentation. Les granulations moléculaires et les corpuscules azotés qui existent dans les cellules du parenchyme interne du grain de raisin ne peuvent donc pas évoluer en ferments dans ces circonstances, et pour savoir si le terme de leur inertie s'arrête bien là, il faudrait répéter l'expérience en modifiant, au moins, les conditions de milieu ; je ne l'ai point fait jusqu'ici.

La chlorophylle ou matière verte respiratrice des plantes

étant appelée à jouer dans la végétation un rôle de premier ordre, il m'a paru curieux de rechercher si cette
matière vivante, substituée aux ferments, ne pourrait
pas, jusqu'à un certain point, modifier sa fonction prin-
cipale en s'adaptant aux nouvelles conditions qui lui
seraient faites.

La solution de ce problème est entourée de difficultés
d'autant plus grandes que la chlorophylle n'est pas, à
proprement parler, une individualité réagissant pour
son propre compte et, quelque moyen que j'aie employé,
à quelque plante que je me sois adressé, il m'a été impossible, d'ailleurs, de l'isoler sans la modifier toujours
profondément. Retirée de la cellule qui lui sert d'habitat,
la matière verte des feuilles ou des autres organes
dans lesquels on la rencontre, au lieu de conserver sa
forme globuleuse ou elliptique, se désagrège ou se dis-
sout, au contraire, à la façon des masses sarcodiques,
et c'en est fait alors de son individualité première. Je ne
puis comparer cette propriété des grains de chlorophylle
qu'à la désagrégation rapide des globules du sang des
animaux, lorsqu'on les place également en dehors de
leur centre d'action normale, et, pour les uns comme
pour les autres, il semble que le moindre traumatisme
soit une cause d'arrêt dans leur vitalité. Que la raison
de cette diffluence soit une propriété d'osmose purement
physique ou qu'elle reconnaisse pour point de départ
des réactions plus intimes, ce phénomène met en garde,
néanmoins, contre la pensée qu'on pourrait avoir d'attribuer à la matière verte des plantes une vitalité propre,
et c'est pour ce motif qu'en m'adressant à elle, j'ai eu

le soin de la laisser intacte dans la vésicule cellulaire
dont elle reçoit la nourriture. J'ai pensé par là pouvoir
respecter, pour un certain temps, au moins, ses proprié--
tés physiologiques ; à la place d'une matière purement
organique et morte, j'ai substitué la cellule vivante
abritant cette matière organique, et si l'activité temporaire de celle-là peut encore paraître contestable, les
expériences que je vais relater doivent être entièrement
contestées.

En mettant des feuilles tout entières dans des mé-
langes susceptibles d'entrer en fermentation, comme
cela a déjà été fait, il m'eût été impossible, au cas où
j'aurais obtenu des résultats positifs, de savoir auxquels
des principes renfermés dans ces organes attribuer la
part dans la réaction, et j'aurais pu dire simplement que
chaque feuille agissait alors, pour tout son tissu collec-
tivement, à la manière d'une seule et même cellule.

Mon but, en recherchant l'action de la chlorophylle,
était d'agir avec les cellules renfermant presque exclusivement cette matière et, pour éviter toute cause d'erreur,
pour mettre de côté principalement l'action simultanée
des organismes étrangers, j'ai dû choisir des feuilles
dont je pouvais facilement enlever les épidermes, me ré-
servant de prendre immédiatement au-dessous la couche
des cellules chlorophylliennes proprement dites. Je me
suis arrangé de manière à dissocier le parenchyme suffisamment pour faciliter l'ensemencement dans mes
ballons, mais pas assez, toutefois, pour détruire la vitalité en laquelle j'avais foi et que je voulais respecter.

Première expérience. — Le 5 février 1875, j'introduis

dans deux ballons renfermant du suc de groseilles un peu du parenchyme sous-épidermique d'une feuille d'*echeveria metallica*, cultivé en serre chaude. L'épiderme de cette feuille a été d'abord soigneusement lavé, puis les deux membranes épidermiques, supérieure et inférieure, ont été enlevées. Cette dernière opération s'exécute sur cette espèce de feuille avec la plus grande facilité, et l'on peut, avec quelque précaution, obtenir des lambeaux épidermiques aussi larges que la main ; les cellules à chlorophylle, mêlées de quelques cellules à pigment rouge, renfermant des raphides, apparaissent immédiatement au-dessous, où elles forment un tissu spongieux d'une désagrégation facile ; la réaction du tissu est acide.

Les deux ballons sont maintenus à l'étuve à la température moyenne de 20° centigrades.

Le premier, le deuxième et le troisième jour, on n'observe aucune apparition étrangère.

Le quatrième jour, un des deux ballons a donné naissance à deux petites mucédinées poussées au fond du liquide ; ce ballon est laissé de côté.

Dans l'autre ballon, il ne s'est rien fait jusqu'au huitième jour, époque à laquelle, sans que le liquide ait montré un trouble sensible, il est apparu à sa surface une petite tache mycodermique.

Le 15 février, au soir, un voile continu couvre tout le liquide ; aucun gaz ne se dégage.

Les jours suivants, en plaçant le ballon entre l'œil et la lumière, on peut voir que des lambeaux du mycoderme se détachent des parois à la moindre agitation et retombent lentement, moitié sur la partie déclive du ballon, moitié au fond, où ils simulent un précipité jaune sale.

Petit à petit, le liquide se trouble, mais, à la fin du mois, il ne s'est dégagé encore aucune bulle gazeuse.

On met fin à l'expérience.

A l'examen microscopique, on note deux productions organisées : celle du voile superficiel formée de cellules bourgeonnantes, ovoïdes, renflées, renfermant un ou deux points nucléolaires, d'un diamètre moitié plus petit que la levûre des brasseurs, et celle du fond, qui ne semble être que les organismes supérieurs retombés plus ou moins inertes ; leur contenu est granuleux, opaque, et les formes de certains articles se sont plus ou moins étirées.

A la distillation, traces seulement d'alcool neutre.

La saveur du suc est moins acide, mais sa capacité de saturation pour les bases n'a point été essayée comparativement. Son odeur est presque nulle ; sa couleur est d'un rouge tirant sur le jaune. — La densité du liquide, de 1048 qu'elle était originellement, est redescendue à 1039. Le quart du sucre réducteur renfermé dans le suc primitif a disparu.

Deuxième expérience.— Le 1ᵉʳ mai 1876, j'ensemence dans trois ballons renfermant du jus de raisins blancs un peu du parenchyme de feuilles de *sedum seboldii*, et je replace les appareils à l'étuve.

Le 4, au matin, un des ballons est porteur d'une petite touffe de mycélium ramifié, baigné dans la masse liquide ; un autre, le soir du même jour, a donné lieu à l'accroissement à sa surface d'un point lenticulaire qui, dès le lendemain, s'est couronné de fructuations jaunes. Ces deux ballons sont mis au rebut.

Le troisième ballon, intact jusqu'au 7 mai, à midi, se revêt le soir du même jour d'une membrane diaphane. Le 9, à dix heures du matin, la membrane est continue, le liquide est clair, et il n'y a nul échappement gazeux.

Jusqu'à la fin du mois, les phénomènes observés, *de visu*, sont identiques à ceux qu'on a remarqués dans la première expérience. Des cristaux gris et nacrés de tartre se sont formés sur les parois.

Deux proto-organismes sont également observés ; ceux du fond simulant les cellules sphériques superficielles, étiolées et granuleuses.

La quantité de glucose est diminuée d'un peu plus du tiers ; on n'a rien noté quant à l'acidité ; pas d'alcool ; pas d'acide acétique ; odeur légèrement éthérée.

L'atmosphère de l'appareil est constituée par un gaz presque entièrement absorbable par la potasse.

Les deux ballons à moisissures qu'on avait mis en dehors de l'étuve se sont également recouverts d'un voile mycodermique isomorphe avec celui du troisième ballon, et l'accroissement de cette pseudo-membrane s'y est fait indépendamment de l'évolution progressive des autres organismes.

Troisième expérience. — Le 26 mars 1878, j'ensemence dans un matras à fond plat, renfermant 350 gr. de suc de coings, une petite quantité des cellules sous-épidermiques désagrégées d'une feuille *d'agave americana*, et je place l'appareil à l'étuve.

Le suc de coings employé titre 13,78 pour cent (1) de glucose et 10 c. cubes de ce suc exigent pour le saturer 16,5 divisions (2) d'eau de baryte. Sa densité est égale à 1058.

Le 28, plusieurs flocons de mucédinées se sont développés au fond du matras. — N'ayant à ma disposition que ce seul appareil, et l'expérience m'ayant prouvé que ces moisissures n'engendraient pas de fermentation proprement dite dans les sucs acides qui ont bouilli, pas plus qu'elles ne donnaient naissance à la formation secondaire de membranes mycodermiques, je laisse, néanmoins, l'expérience se poursuivre.

Le 29, il y a une tache mycodermique à la surface du liquide.

Le 2 avril, le voile superficiel s'est étendu d'une manière générale ; pas de gaz.

Le 18 avril, le voile persiste toujours ; le liquide est relativement clair. On agite le vase pour disloquer la membrane superficielle.

(1) Dans l'essai saccharimétrique des sucs végétaux acides, j'étends toujours les sucs nature de neuf volumes d'eau pour rendre la réaction plus nette et plus sensible.

(2) L'addition des liqueurs alcalines aux sucs de pommes ou de poires leur communiquant toujours une coloration plus ou moins foncée, j'étends la prise que je fais de ces sucs de cinq à six fois son volume d'eau distillée, et je juge du moment où doit arriver la saturation précisément à ce que la coloration jaune verdâtre qui apparaît tout d'abord, — pour ce qui concerne le suc de coings, — puis s'efface tant qu'il reste des acides libres, devient à peu près permanente. L'emploi d'un papier de tournesol très-sensible permet, d'ailleurs, d'arriver par tâtonnement à un résultat très-satisfaisant, à un dixième de centimètre cube près.

Le 20, la membrane disloquée est entièrement reformée. Pendant l'intervalle, il n'y a eu production d'aucun gaz.

Le 29, on débouche le matras.

On distingue trois variétés de productions organisées : celles du voile mycodermique formées exclusivement de toutes petites cellules sphériques, discontinues, d'un diamètre moyen de $0^{mm},002$, à nucléus à peine visible ; celles du fond qui ne sont que la répétition des premières, devenues granuleuses, quelques-unes plus ou moins étirées ; celles, enfin qui proviennent de l'accroissement du mycélium des moisissures entrevues au début et sont formées de tubes ramifiés, cloisonnés, à contenu d'aspect huileux.

En bouchant le matras avec la paume de la main, et le secouant fortement, il se fait une légère poussée gazeuse.

L'odeur du suc a disparu. La densité est redescendue à 1045, et il ne renferme plus que 8,92 centièmes de sucre réducteur. Il faut 13,3 divisions d'eau de baryte pour en saturer 10 centimètres cubes.

Le sédiment organisé, recueilli sur un filtre taré, lavé à l'eau distillée, et séché à 100 degrés, pèse 0 gr. 59.

— De deux tubes à expériences presque entièrement pleins du même suc et bouchés au caoutchouc que j'avais préparés en même temps que le matras, l'un est resté intact et l'autre a donné naissance à sa surface à deux touffes de penicillium à spores bleues. La quantité de sucre réducteur n'a pas varié dans le liquide de ces deux tubes.

§ II. — ESSAI DE FERMENTATION LACTIQUE AVEC LA CHLOROPHYLLE D'UNE FEUILLE.

Quatrième expérience. — Fin janvier 1875, je prépare un milieu lactique artificiel à l'aide d'une dissolution de glucose aux dixième, additionnée de 1 pour cent d'extrait aqueux de levûre de bière (1). Le corps propre à saturer l'acide lactique est l'hydrocarbonate de zinc récemment précipité.

Le 5 février, c'est-à-dire à la date de l'épreuve n° 1, j'ensemence ce milieu avec le parenchyme de la feuille *d'echeveria metallica* qui m'a déjà servi, et je remets le ballon à l'étuve; température 20°.

Le 23, une seule tache mycodermique diaphane, à reflets irisés, s'est faite à la surface du liquide transpa‧ rent reposant sur son dépôt.

Les jours suivants, cette tache s'étend péniblement, et, malgré qu'on ait augmenté la température de l'étuve, elle ne subit plus d'accroissement à partir du 2 mars. Pendant tout ce temps, il ne s'est produit aucune bulle

(1) J'ai préparé cet extrait en faisant digérer à deux reprise différentes, dans l'eau distillée à 75°, de la levûre récente, filtrant le digesté et l'é‧ vaporant au bain-marie jusqu'à consistance pilulaire. Le rendement a été de 7 p. cent de levûre supposée sèche.

Cet extrait dont je me suis servi dans quelques expériences inédites se rapproche comme aspect, *odeur et saveur*, de l'extrait aqueux de seigle ergoté. Comme ce dernier, il fournit un abondant précipité avec l'alcool, il est très-acide et l'ensemble de ses propriétés, en général, m'a fait penser qu'il jouirait peut-être, lui aussi, de vertus hémostatiques plus ou moins prononcées. Je crois qu'il y aurait quelque utilité à faire quelques essais thérapeutiques dans cet ordre d'idées.

de gaz ; il y a eu, au contraire, un phénomène sensible d'absorption.

Vers le milieu de mars, on agite le ballon pour faire tomber le voile superficiel, et l'on ne remarque d'autre dégagement que celui qui est suscité par la chaleur de la main appliquée sur les parois du vase à fermentation.

Après comme avant la dislocation du mycoderme, le ballon est inerte, et il reste tel définitivement.

Le jour où on l'a débouché, il avait une odeur miellée indéfinissable, sa réaction était neutre, et il a été impossible de retrouver sous le microscope quelque chose qui simulât un proto-organisme quelconque. Un demi-centième de glucose, cependant, avait disparu, et l'on a pu entrevoir à la distillation les stries caractéristiques des liquides renfermant des traces d'alcool.

§ III. — ESSAI DE FERMENTATION AVEC LE PARENCHYME
INCOLORE DU CHAMPIGNON DE COUCHE

Cinquième expérience. — Le 22 mars 1878, j'ensemence dans un matras renfermant 500 grammes de suc de coings une petite quantité du parenchyme aqueux provenant de la trituration de la partie interne du stipe d'un champignon. Le champignon choisi n'est autre que le champignon de couche (*agaricus campestris*). Le suc acide est le même que celui qui a servi pour l'épreuve n° 3. L'appareil est maintenu à l'étuve à la température moyenne de 19 degrés.

J'ai préparé le même jour deux tubes à expériences

avec le même liquide, dans lequel j'ai également introduit du même parenchyme trituré. Ces tubes ne sont
mis à l'étuve que dans les derniers jours d'avril.

Le 23 mars, le liquide du matras s'est légèrement
troublé.

Du 24 au 27, le louche a persisté, sans qu'il se soit
produit autre chose.

Le 28, tache mycodermique à la surface.

Le 30, voile continu.

Jusqu'au 27 avril, le voile qui se désagrégeait chaque
jour sur les bords se reforme constamment. Il n'y a eu
jusque-là aucun dégagement gazeux appréciable.

Le 28, on met fin à l'expérience. — A la même date,
un des tubes a donné lieu à une production de *penicillium glaucum* à la surface ; l'autre est resté vierge de
toute production.

On a observé dans le matras deux formes organisées
solidaires : l'une superficielle, ressemblant au *mycoderma vini* ; l'autre, inférieure, formée de cellules identiques ou un peu plus allongées, à contenu granuleux,
opaque.

L'odeur du suc est à peine sensible ; sa densité égale
1052 ; la quantité de sucre est réduite à 8,62 pour cent.;
10 centimètres cubes du suc filtré saturent 15,8 divisions d'eau de baryte.

A la distillation, on trouve 1,60 pour cent d'alcool
acide.

Les organismes développés dans le matras pèsent à
l'état sec 1,05.

———

§ IV. ESSAI DE FERMENTATION LACTIQUE AVEC LE
PARENCHYME DU CHAMPIGNON DE COUCHE.

Sixième expérience. Le 18 mars 1878, je prépare
dans un ballon d'un litre de capacité le milieu suivant :

Petit-lait citrique, fait à froid.	700 c. c.
Suc de coings	50 »
Sucre de lait.	25 »
Carbonate de chaux précipité	25 »

Le 20, j'ensemence le ballon avec de l'eau de végétation et des cellules mycéliales de l'intérieur du stipe du
champignon de couche, comme dans l'expérience ci-
dessus. Température moyenne, 19°.

Le 21, la liqueur s'est légèrement foncée en couleur,
probablement par suite d'un phénomène d'oxydation
opérée sur les cellules brisées du champignon.

Le 22, trouble léger.

Le 23, trouble général ; même coloration que précédemment.

Le 24 et le 25, *statu quo.*

Le 26, des bulles gazeuses sont venues former une
mousse légère sur les parois internes du ballon.

Le 27, dégagement gazeux toujours lent. Une tache
mycodermique est apparue à la surface.

Du 28 au 30, le dégagement continue un peu plus
rapide. Trois taches mycodermiques isolées.

Le 31, tout voile superficiel a disparu.

Jusqu'au 13 avril, le dégagement est à peu près ré-
gulier.

A partir de cette date jusqu'au 20, le dégagement se
ralentit de plus en plus ; le gaz est devenu odorant, se-
mi-butyrique, et le liquide tend à la viscosité.

Du 20 au 25 avril, il n'y a plus aucun dégagement gazeux ; quelques croûtes ondulées blanchâtres se sont formées sur les parois internes, au niveau supérieur du liquide. Au fond, dépôt volumineux pulvérulent, surmonté par une couronne muqueuse gris-jaunâtre.

Au moment où l'on a débouché le ballon, on n'a aperçu qu'un seul ferment figuré, représenté par les bactéries ordinaires de la fermentation lactique. Un peu du parenchyme primitivement ensemencé, délayé dans un peu d'eau acétique et observé à un fort grossissement, a montré sa paroi de cellulose maculée de points bactéridiques innombrables.

Le liquide présentait une réaction acide, et il avait l'odeur des fermentations lactiques mal conduites. A la distillation, ou a retiré 2 pour cent d'alcool à réaction acide. La quantité de lactate de chaux fournie a été de 21 grammes. Les eaux-mères de cristallisation réduisaient encore abondamment le réactif de Fehling.

§ V. CONCLUSIONS PROVISOIRES SUR LA PORTÉE DE CES EXPÉRIENCES.

— Des essais qui précèdent, quelle conclusion tirer ? Aucune, dans un sens rigoureux, si ce n'est une première preuve de l'impuissance de la chlorophylle à jouer le rôle direct de ferment alcoolique, et même lactique, si l'on peut attribuer quelque valeur à l'épreuve unique instituée dans le but d'obtenir du lactate de zinc (?).

Les deux expériences faites avec le parenchyme des champignons, si elles étaient contrôlées par de nouvelles et qu'elles donnassent le même résultat, tendraient, au contraire, à attribuer aux parenchymes privés de matière verte une tendance à la faculté d'engendrer la fermentation alcoolique et, surtout, la fermentation lactique.

Malgré la confusion qui règne dans ces expériences et les causes d'erreurs qui leur sont inhérentes, — causes d'erreurs qui ne peuvent porter, cependant, sur le ferment alcoolique, ce proto-organisme ne se montrant ni ne fonctionnant nulle part, — un fait domine tous les autres ; c'est la formation constante d'une membrane mycodermique. Or, quels sont ici les germes des cellules composant cette membrane ? quelle est leur nourriture et quel rôle leur est-il dévolu ?

A la première question, la seule qui soit encore énigmatique, je répondrai que tout me porte à croire que le *primum movens* de ces protophytes réside dans la cellule parenchymateuse proprement dite, et qu'ils ne sont autre chose que le développement épi-phénoménal, dans un milieu nouveau, des granulations variées, corps chlorophylliens ou matières proto-plasmiques azotées diverses, renfermées sous cette paroi de cellule.

Une particularité curieuse que je regrette de ne pouvoir étayer par un nombre d'observations suffisant et qui viendrait à l'appui de ma manière de voir, c'est la remarque que j'ai faite que, d'ordinaire, les cellules mycodermiques observées gardaient la forme des corpuscules dominants renfermés dans les parenchymes qui ont paru les fournir. Si ces corpuscules sont ronds, la cellule mycodermique sera sphérique ; s'ils sont allongés, elle sera, au contraire, plus ou moins ellipsoïde.

A l'encontre des deux mycodermes que tous les micrographes connaissent, le *mycoderma vini* et le *myco-*

derma aceti, ceux que j'obtiens dans mes ballons se laissent mouiller on ne peut plus facilement, et la moindre secousse les fait retomber au fond des liqueurs qui leur servent de support ; ils se disloquent même le plus souvent de leur propre chef, et lorsqu'ils ont atteint les parois internes des vases où ils procréent, les cellules de nouvelle formation semblent pousser en dehors les anciennes, et l'on voit choir mécaniquement celles-ci sous forme de nuages pulvérulents. Or, comme ni les moisissures submergées, ni les mucorinées flottantes qui sont susceptibles de se trouver mélangées à ces mycodermes ne les engendrent dans aucun cas, il faut bien supposer qu'ils viennent des parenchymes et non d'ailleurs. J'ai insisté maintes fois déjà sur la signification importante que je crois pouvoir donner à la genèse de ces organismes nouveaux, et comme ce sont à des corpuscules de même nature, — je ne dis pas de même fonction, celle-ci étant surtout corrélative de l'état des milieux, — que j'attribue la cause de la transmutation morphogénique des levûres constituées, on verra jusqu'à quel point il importe que la lumière soit faite à leur égard.

En réponse aux deux autres points d'interrogation que j'ai posés plus haut, les expériences parlent d'elles-mêmes. Les mycodermes observés, lorsqu'ils se développent dans les milieux sucrés à réaction acide, rentrent dans la classe des êtres appelés, à tort ou à raison, des organismes de combustion ; témoins la disparition du sucre et celle d'une quantité appréciable des acides organiques qui sont à leur portée ; lorsqu'ils végètent, au contraire, dans des milieux neutres, ils deviennent des corps purement catalysants, et cette propriété ne semble leur être bien acquise que lorsqu'ils ont quitté leur habitat aérien pour aller vivre au sein de la masse liquide. Dans le premier cas, on n'a pas plus affaire à des ferments que dans l'action physiologique normale de la fleur du vin ou du vinaigre ; dans le deuxième, on rentre dans la catégorie des ferments de second ordre, de ceux dont le ferment lactique est le type et qui, pour le dire en passant, nous sont fort mal connus dans leur intimité d'action.

Je n'insisterai pas sur la négativité des essais faits dans les tubes à expériences comparativement à ceux exécutés dans les ballons. Sans invoquer la cause supposée inhérente à la forme des vases, cause que je crois d'une futilité très-subtile, je ferai remarquer que ces épreuves ne prouvent qu'une chose, c'est que l'être qui évolue après une incubation plus ou moins forcée, comme celle qu'on remarque dans une multitude de fermentations factices, c'est, dis-je, que cet être, en quelque sorte fœtal, a tout d'abord besoin pour se constituer viable de l'oxygène libre ; or, dans les ballons, il satisfait à ce besoin ; dans le tube à expérience, il n'y satisfait point.

Malgré le côté hypothétique des faits qui viennent d'être consignés, comme malgré leur imperfection première, j'ai cru sage, néanmoins, de ne pas les passer sous silence. J'estime que des expériences de cette nature, même lorsqu'elles sont négatives, peuvent éclairer certains points obscurs de la physiologie, et lorsque les critiques qu'elles soulèvent sont faites de bonne foi, la science ne peut qu'en profiter ; tant pis pour le vaincu.

Les expériences 3, 5 et 6 ont été faites au laboratoire des Hautes-Études de l'École de Pharmacie de Paris.

CHAPITRE IX.

—

RÉSUMÉ.— CE QU'IL FAUT ENTENDRE PAR LA MUTABILITÉ DES GERMES MICROSCOPIQUES.— « L'INTRAGENÈSE, » MOYEN - TERME ENTRE LA PANSPERMIE ET L'HÉTÉROGÉNIE. — AVENIR DE LA QUESTION.

En dehors de tout esprit de doctrine, il est juste de reconnaître, ce me semble, que les faits consignés dans ce Mémoire sont la confirmation de mes idées premières sur l'origine des ferments organisés.

Convaincu de l'impuissance des panspermistes aussi bien que de leurs adversaires pour expliquer l'apparition première de ces organismes dans tous les phénomènes où la Nature les met en jeu, je disais en 1869 (1) :

« Un grave *desideratum* réside à cet endroit difficile de nos recherches.

(1) J. DUVAL. — *Thèse inaugur.*, p. 25.

» De l'avis des micrographes les plus expérimentés, il est impossible, à première vue, d'assigner une origine exacte aux corpuscules organisés de l'atmosphère. Les mycodermes divers que l'on observe se développant sur les liquides fermentescibles sont cependant bien connus. Leur forme, leur diamètre, leur contenu, rien n'échappe à l'observation attentive. Pourquoi donc avec des données aussi exactes, des incertitudes aussi vastes? Les germes aériens, par le seul fait de leur déplacement rapide à travers l'espace, se seraient-ils modifiés au point de devenir méconnaissables? Une opinion comme celle-là serait plus que contestable, et l'on ne peut raisonnablement, ce nous semble, saisir la clef de l'énigme qu'en attribuant aux séminules en question des propriétés multiples, des facultés changeantes toutes particulières. Autant qu'il nous a été permis de l'apprécier, la prédisposition polymorphique des germes des êtres inférieurs, le besoin fatal de leur mutabilité, n'ont été émis par personne d'une manière non équivoque. Et, cependant, n'est-ce pas là que paraît résider tout le nœud de la question? Payer, pourtant, semble avoir saisi cette grande vérité quand il dit : « Les spores des cryptogames peuvent donner naissance à des individus assez différents de ceux qui les ont produits. Cette polymorphie dans l'aspect et dans le port de ces plantes ininférieures est une conséquence de leur infériorité même (1). » Qu'est une cellule, en effet? Qu'est, en particulier, la cellule reproductrice de l'ultime organisme

(1) J. PAYER. — *Botanique cryptogamique.* — 2ᵉ édit. annotée par H. Baillon. — Paris, 1868. — p. 5.

dont la simplicité nous dérobe tant de mystères? Un
peu de plasma organique, c'est-à-dire un rien de car-
bone, d'oxygène, d'hydrogène, d'azote et de matière minérale, condensés dans un tout petit sphéroïde dont la
paroi souvent se montre à peine distincte de son contenu. Atôme dont la vie latente n'aspire qu'après une
perle humide pour réapparaître et se manifester, toujours elle circule, partout elle marque sa présence, et
dans quelque condition qu'elle se trouve, elle veut vivre,
et à tout prix elle vit. C'est la simplicité même, c'est
l'organisme dans sa première ébauche ; c'est, pour ainsi
dire, la vie à l'état impalpable, la vie pulvérisée jusqu'à
son extrême limite.

» Les attributions de cet être indivisible sont
énormes, elles sont incontestables. Pourquoi donc se
refuser à admettre sa transmutation, alors que c'est
pour lui une condition nécessaire? Il faudrait à cette
transmutation, sans doute, tracer des bornes, et l'inves-
tigation, si prudente qu'elle fût, est, en pareille matière,
chose des plus délicates (1). »

Très-vagues, sans doute, étaient ces idées intuitives,
et, pour leur donner une consécration scientifique, il
était nécessaire de descendre du champ purement théo-
rique dans le domaine des faits ; c'est à ce quoi j'ai tra-
vaillé depuis.

Les faits consignés dans ma Thèse de 1869 m'avaient
amené à conclure : « 1° que, malgré que l'air soit la

(1) Cette citation n'est elle-même que le développement d'une idée
intuitive émise par moi, dans mon manuscrit inédit de 1864, intitulé :
*Causerie sur une expérience de micrographie aérienne à propos des
générations dites spontanées.*

source la plus commune des ferments, ce disséminateur universel n'était pas toujours indispensable à leur formation originelle ; 2° que la panspermie pure et simple, abstraction faite de la mutabilité des germes, était impuissante à expliquer leur origine dans tous les cas ; 3° enfin, que du moment où les reproducteurs des ferments ne se trouvaient pas en nature dans les liquides normaux retirés de l'organisation vivante, les granulations renfermées dans les cellules non brisées qu'on rencontre forcément dans ceux-ci, étaient susceptibles de s'accroître et de devenir, après modification, des ferments actifs, aptes à se reproduire, et possédant en tous points le caractère des ferments proprement dits (1). »

Les expériences que j'ai répétées depuis 1869, en suivant mon nouveau travail, peuvent, à leur tour, se résumer ainsi : 1° Il n'y a pas de germes de ferments tout faits dans l'air, et si cette assertion peut être encore douteuse pour les levûres bactériques et vibrioniennes, il n'y a pas le moindre équivoque pour les diverses levûres alcooliques ; la présence accidentelle de la levûre, entraînée mécaniquement avec d'autres corps pulvérulents, n'est pas à mettre en cause ; 2° l'état purement physique des levûres s'oppose à leur dissémination, et si l'on rencontre à la surface des fruits et des autres organes de plantes des cellules ayant beaucoup de ressemblance avec les levûres adultes, c'est que les proto-organismes d'où elles dérivent ont déjà subi là un travail d'organisation préparatoire qui les rend aptes à fonctionner plus ou moins médiatement comme levûres ;

(1) J. DUVAL. — *Thèse inaug.* — Chap. III., p. 37.

3° l'état de sporulation des levûres n'a pas été observé dans les conditions ordinaires de leur existence, et aucun fait direct ne prouve, jusqu'à présent, que les levûres pourraient provenir de la dissémination normale de sporules engendrées au sein des cellules ayant déjà fonctionné comme ferment ; 4° les fermentations intra-cellulaires dans lesquelles on ne retrouve aucun ferment indépendant prouvent surabondamment que la cellule végétale, et particulièrement la cellule microsco-pique, doit avoir une tendance toute naturelle à servir elle-même de ferment ; 5° la transmutation des levûres, si elle peut être contestée, ne saurait être rejetée, néanmoins, tant que l'on n'aura pas étudié la possibilité de cette transmutation dans les divers milieux modificateurs agissant plus ou moins sur le proto-plasma des levûres ; 6° les algues unicellulaires qui se prêtent à la genèse des ferments alcooliques sont également favorables à la production des ferments lactiques ; 7° la chlorophylle, étudiée au point de vue de la généra-tion des ferments, ne paraît pas pouvoir servir d'inter-médiaire à cette procréation secondaire ; elle serait favorable, cependant, à l'évolution d'organismes non ferments rentrant dans la classe des mycodermes com-burants ; 8° enfin, les parenchymes végétaux, privés de matière verte, auraient une tendance à pouvoir générer des ferments, principalement dans les milieux neutres, et ils deviendraient alors des agents indirects de la pro-duction des bactéries lactiques ; les faits sur lesquels s'appuient les deux dernières conclusions ayant besoin d'être révisés, les propositions qui en découlent ne sau-raient, toutefois, être entièrement définitives.

— Confirmation de mes expériences premières sur le rôle indifférent et passif des microphytes cellulaires, incertitude, aujourd'hui comme autrefois, sur la transformation levûrienne des matières protoplasmiques propres aux parenchymes, possibilité de la transmutation des levûres les unes dans les autres, tels sont, on le voit, les trois termes ultimes auxquels mes études viennent toutes aboutir.

L'analyse et l'interprétation de mes expériences, en ce qu'elles ont d'affirmatif, à l'heure présente, pourraient, malgré tout, manquer de fondement, si elles n'étaient appuyées par des faits de même nature trouvés depuis par d'autres que par moi. Or, parmi les savants dont les recherches patientes me donnent pleinement raison, je n'en citerai qu'un seul, et son témoignage ne sera point mis en doute; je veux parler de M. Pasteur lui-même.

Après avoir cherché partout les corpuscules générateurs des levûres alcooliques, M. Pasteur est arrivé à se convaincre que les « cellules-germes » qui devaient procréer ces ferments étaient quoi, des cellules semblables à leurs mères? Non pas. M. Pasteur, pour les raisons que j'ai développées, ne pouvait pas trouver ce moule originel tel qu'il le croyait être. « *Les levûres*, dit M. Pasteur, résumant un chapitre avec planches ayant trait à cette question (1), *sortent de certaines cellulesgermes, répandues sous forme de petits corps sphériques, de couleur jaune ou brune, isolés ou réunis sur la surface extérieure de l'épiderme de la plante* (il fait allusion

---

(1) L. PASTEUR. — *Etudes sur la Bière*, p. 176.

à la vigne) *et doués d'un bourgeonnement extraordinaire-
ment rapide et facile dans les liquides fermentescibles.* »

Développant sa thèse, et commençant à donner un
nom à ce qu'il avait d'abord appelé vaguement « cellules-germes, » M. Pasteur en arrive à conclure que ces
organes générateurs ne sont autre chose que des cellules
de *dematium* apportées par l'air, et principalement
celles auxquelles de de Bary, botaniste allemand, a ré-
servé l'épithète significative de *dematium pullulans* (1).
Or, pour peu que l'on se donne la peine d'étudier, bo-
botaniquement parlant, la généalogie des plantes du
genre *dematium,* on n'en fera pas plus des sources directes de levûre qu'on ne fera des levûres adultes des
germes directs de *dematium.*

Sans rien retirer à l'originalité de la découverte de
M. Pasteur, cette perle fine étant une conséquence
forcée de la loi de mutabilité qui régit certains germes
microscopiques, je lui prédis à l'avance, néanmoins, que
sa trouvaille n'en restera pas là, et que ce qu'il a trouvé
vrai pour les cellules de *dematium,* il le rencontrera,
chemin faisant, pour d'autres cellules simples d'origine
fungique ou de source algogénique.

Depuis longtemps, les micrographes qui se sont occupés de l'étude des levûres s'étaient arrêtés à la pensée
que celles-ci n'étaient qu'une des formes transitoires de
certains champignons microscopiques, et s'ils n'avaient
pu pénétrer très-avant dans l'essence du phénomène
de la fermentation proprement dite, ils avaient, du
moins, donné la marche à suivre pour remonter ration-
nellement de l'effet à la cause. Il est heureux pour la

(1) L. PASTEUR. — *Loc. cit.* et *C.-R. de l'Ac. des Sc.,* 1876.

science que M. Pasteur qui, à notre époque, a fait de
l'étude des fermentations une question presque la
sienne, se rallie aujourd'hui aux découvertes de ses
devanciers, et si c'est à lui que revient l'honneur d'avoir
envisagé les fermentations, en général, comme des
actes rentrant dans le cadre ordinaire de la biologie,
c'est aux botanistes qu'il appartient d'avoir démontré
les premiers la nature des agents qui les provoquent ; il
ne pouvait pas rentrer dans le plan des botanistes,
d'ailleurs, de définir autre chose.

Au nombre des micrographes qui se sont surtout
occupés, à l'origine, de la nature végétale des levûres, il
faut surtout citer Leuwenhoek (1), Desmazières (2),
Cagniard de Latour (3), F. Kützing (4), Schwann (5) et
Turpin (6). Cette trouvaille n'est donc pas chose nou-
vellé, et si M Pasteur, dont la passion pour l'examen de
la cause des fermentations est légitime en soi, si
M. Pasteur, dis-je, avait été moins intransigeant pour
ses adversaires, s'il avait mis dans ses réfutations un
esprit de conciliation plus en rapport avec le véritable
esprit académique, il est probable que la vérité se serait
fait jour beaucoup plus tôt.

(1) LEUWENHOEK. — De fermento cerevisiæ. — *Arcana naturæ de-
tecta*, édit. nov. 1723.

(2) DESMAZIÈRES. — Sub mycoderma cerevisiæ, etc. — *Ann. des
Sc. Nat.* — 1825.

(3) CAGNIARD de LATOUR. — *Mém. de l'Inst.* — 1836.

(4) Frédéric KUTZING. — *Journ. für praktische chemie.* — Berlin, 1836.

(5) SCHWANN. — *Ann. der Chemie und Physik, von Poggendorff.* —
1837.

(6) TURPIN. — Sur la fermentation alcoolique et acéteuse. — *Mém.
Ac. d. Sc.*, — 1838.

L'étude de la genèse des ferments est entrée de plein
pied aujourd'hui dans une nouvelle phase, et la solution
entière de cette question sera faite le jour où botanistes
et chimistes se seront entièrement mis d'accord. L'origine polymorphique des levûres est la seule voie dans
laquelle il faudra désormais rester et, petit à petit, la
vérité s'affirmant, le calme se fera dans l'esprit des sa-·
vants.

A l'appui de ma doctrine personnelle sur la mutabilité, je citerai quelques-uns des passages d'une réponse faite tout dernièrement par un de nos grands
botanistes de l'Institut à M. Pasteur, réfutant les opi-
nions de son collègue sur la polymorphie des êtres
microscopiques (1).

« Quoi qu'il en soit de l'opinion de M. Pasteur, on
voit par ce que je viens de dire combien son avis s'est
transformé, puisqu'il admet aujourd'hui une levûre de
Mucor (p. 126 et suiv. de ses Études sur la Bière), et
une levûre de *Dematium* (p. 177). S'il refuse au *Penicillium* la faculté d'en produire aussi, c'est que M. Pasteur
est en retard à ce sujet, comme il l'a été longtemps pour
le *Mucor*. » Voici un passage qui montre à quel degré
est changée la manière de voir de notre confrère, qui
maintenant accepte et définit ainsi la polymorphie (p. 84) :

« Des organes détachés d'organismes plus élevés, des
êtres à une certaine phase de leur vie, peuvent se régénérer sous une forme déterminée avec des propriétés

---

(1) A. TRÉCUL. — Réfutations des critiques que M. Pasteur a faites de
mon opinion sur l'origine des levûres alcooliques et de la levûre lactique.
— C.-R. de l'Ac. de Sc., t. LXXXVI. — 1878.

spéciales dans des milieux où dans des conditions qui ne sauraient faire apparaître la plante ou l'animal avec ses autres formes ou modes habituels de reproduction.»

Les exemples de ces faits abondent aujourd'hui dans la science. Certaines levûres alcooliques nous offriront des faits analogues.

« Voilà donc enfin la *polymorphie* admise par M. Pasteur, qui l'a niée dans sa Note de 1861 et depuis.

» Est-il bien fondé, désormais, à traiter d'*imaginaire* (p. 95) la transition que j'ai observée de bactéries à la levûre lactique, de celle-ci à la levûre de bière et de cette dernière au *mycoderma* et au *penicillium*? Le *penicillium* est par excellence un de ces êtres dont parle M. Pasteur, qui peuvent se régénérer sous des formes et avec des propriétés spéciales dans des milieux et dans des conditions qui ne sauraient faire apparaître la plante avec ses autres formes ou modes de reproduction habituels.

« M. Pasteur, qui a nié l'observation que j'ai faite de la transformation de la levûre lactique en levûre de bière, est amené par la puissance des faits à reconnaître la possibilité de tels changements. Il écrit à la page 269 (*loc. cit.*) :

« Quand on dit (il devrait dire : *quand je dis*) que chaque fermentation a un ferment qui lui est propre, il faut entendre qu'il s'agit d'une fermentation considérée dans l'ensemble de tous ses produits ; cette assertion ne peut signifier que le ferment dont il s'agit ne sera pas capable d'agir sur une autre substance fermentescible, et de donner lieu à une fermentation très-différente. »

» Or, nous avons vu qu'à présent M. Pasteur recon-

naît que le milieu influe sur la forme des êtres, des
levûres en particulier ; il est donc naturel que la levûre
lactique puisse devenir levûre de bière dans un milieu
favorable.

» On voit par ce qui précède que M. Pasteur, qui refuse encore d'admettre la transformation du penicillium,
est amené graduellement vers la manière de voir de
MM. Turpin, Berkeley, Hoffmann, Hallier, Pouchet,
Robin, Frémy et Trécul, qu'il combat inconsidérément,
tout en admettant avec eux la transformation de champignons filamenteux en levûres. Je ferai observer, en
terminant, que les êtres étant modifiés avec les milieux
dans lesquels ils vivent, et que les circonstances ayant
changé beaucoup depuis que notre globe n'est plus in-
candescent, les êtres ont nécessairement modifié leurs
formes pour s'adapter aux circonstances et aux milieux.
Par conséquent, c'est l'idée de l'immutabilité des êtres
qui est une hypothèse. »

Si j'admets avec M. Trécul et les autres botanistes
transformistes la transmutation polymorphique de certains êtres microscopiques les uns dans les autres sous
l'influence prédisposante des milieux, je ne suis pas
d'accord, cependant, avec ceux qui font dériver les ferments de la transformation de la matière organique
ambiante, sans le concours d'une cellule génératrice
quelconque. Cette dernière hypothèse suppose, en effet,
un travail de genèse spontanée en dehors de l'organisme,
et je ne crois pas qu'on puisse affirmer la formation
possible d'une cellule, si microscopique qu'elle soit,
s'il n'y a pas tout d'abord préexistence d'un blastème
vivant. La mutabilité des germes microscopiques a,

d'ailleurs, des limites qu'il reste à la science à chercher, et son champ d'action ne tient point de l'arbitraire, comme on serait tenter de le supposer de prime-abord. Je me suis assez peu occupé du polymorphisme des champignons microscopiques pour en donner des preuves par moi-même, et je ne puis me borner qu'à l'admettre en principe. Autre chose est, d'ailleurs, d'examiner l'évolution normale des êtres dans les milieux naturels ou dans les milieux artificiels. Au nombre de ces derniers, je vais jusqu'à ranger les sucs végétaux qu'on a simplement fait bouillir, car, au point de vue de l'influence biogénique, il y a les différences les plus grandes à établir entre ces sucs nature filtrés froids, jusqu'à limpidité parfaite, et les mêmes liquides filtrés après l'ébullition. J'ai commencé à ce sujet quelques recherches dont je rendrai compte plus tard, mais le cadre de mes travaux n'ayant porté jusqu'à présent que sur les liquides bouillis et emprisonnés dans une atmosphère plus ou moins confinée, je ne saurais revenir sur ce que j'ai déjà dit (1).

_____

(1) M. Léon MARCHAND. — *Voy. Dr L. Marchand. De la reproduction des animaux infusoires. F. Savy, éd. Paris 1869, p. 72 et suiv.*, — après avoir assimilé avec juste raison le *protoplasma* des utricules végétales à la *gelée sarcodique* des cellules animales, qu'il s'agisse des animalcules microscopiques ou des animaux supérieurs, en arrive à se demander si cette matière vivante, d'où qu'elle vienne, ne serait pas capable de donner naissance par elle-même, en dehors de son milieu de production cellulaire, à des éléments réellement figurés. Dans des conditions physiologiques normales, alors que l'élément sarcodique ou protoplasmique n'a point été modifié par les divers agents physico-chimiques qui sont à notre disposition, cela n'est pas impossible, et l'on ne saurait, ces restrictions faites, aller à l'encontre de l'hypothèse de M. Marchand et des

Si, pour ce qui regarde la mutabilité des êtres cellulaires de la famille des algues, transformables en ferments, je puis être plus affirmatif que pour les êtres fungiques, il n'en est pas moins vrai que je ne l'ai pas observée dans tous les cas. Il m'a été impossible, notamment, de faire fermenter des sucs acides en les ensemençant avec le *nostoc commune,* et je n'ai pas été plus heureux avec les cellules vertes des *coccochloris.* À quoi cela tient-il? Je l'ignore entièrement. Le nostoc a engendré, dans les ballons où je l'avais ensemencé, une membrane mycodermique analogue à celle produite par les cellules à chlorophylle dont je me suis entretenu au chapitre précédent, et les utricules du mycoderme étaient représentées là par des articles bourgeonnants ayant le diamètre et la configuration des hormogonies enveloppées dans la gangue gélatineuse du nostoc pris dans son état de nature.

En 1875, ayant soumis à la fermentation spontanée du suc de groseilles et ayant examiné, un soir, la nature du ferment alcoolique qui s'était développé dans la masse fermentante, je ne fus pas peu surpris de voir que j'avais affaire à un ferment en tout semblable au

autres savants autorisés qui ont pensé comme lui. Si l'on considère que les *plasmodies, les protistes* (d'Hœckel) et d'autres *êtres amiboïdes* forment un groupe imposant d'organismes anacellulaires, c'est-à-dire dans lesquels on ne peut distinguer le contenant du contenu, on ne saurait effectivement refuser, dans quelques circonstances, à la matière protoplasmique seule, le pouvoir de créer des cellules. Je répéterai encore, toutefois, que, n'ayant expérimenté que dans des milieux où la matière organique a été plus ou moins profondément dénaturée par l'ébullition, je ne saurais ni affirmer, ni infirmer ce qui peut se passer dans l'hypothèse présente ; la déclarer vraisemblable est tout ce que je puis faire jusqu'alors.

saccharomyces ordinaire de la fermentation alcoolique,
mais présentant cette particularité qu'il était devenu
mobile et traversait le champ du microscope à la manière des infusoires. Il n'y avait, d'ailleurs, autour de
chaque globule mouvant aucun cil vibratil, et je m'as-
surai que j'avais affaire à un être végétal en le traitant
par l'ammoniaque qui n'amenait en aucune façon la
dissolution des éléments de la cellule. Le jour de mon
observation, il avait fait un temps très-orageux, la fermentation était devenue très-tumultueuse, et, fait non
moins curieux, le même suc, observé le lendemain, ne
présentait plus que du ferment immobile. J'ignore si ce
phénomène a été noté par d'autres que par moi, et si je
consigne le fait, c'est par simple curiosité, la question
de mobilité ou d'immobilité du ferment alcoolique observée n'étant, sans doute, qu'une des nombreuses
variantes de la mutabilité fonctionnelle des cellules végétales.

M. Trécul, que j'ai eu l'honneur de rencontrer à la
Bibliothèque du Muséum, à Paris, m'ayant demandé
une fois comment j'expliquais la transformation génésique de la cellule de levûre de bière en levûre lactique,
je lui répondis que, pour le cas qu'il me citait, je
ne pouvais admettre qu'une création endosporique
de la nouvelle levûre au sein de l'enveloppe cellulaire de la levûre alcoolique devenue cellule-mère (1).

(1) M. Trécul, lui, en observant la transmutation de la levûre lactique
en levûre alcoolique, a pu voir les globules de la première passer directement à la seconde par un phénomène d'accroissement graduel, la
levûre alcoolique nouvellement générée n'étant alors, en quelque sorte,
que l'état turgide de la levûre lactique, normalement beaucoup plus
petite.

Quelque précaution que j'aie prise, il m'a été impossible, dans mes expériences antérieures, d'assister *de visu* à la genèse de cette levûre lactique de nouvelle formation, et je ne puis rapprocher le fait que des phénomènes moins équivoques que j'ai pu observer sur les cellules des algues.

Une question de philosophie naturelle d'un ordre très-élevé se rattache, néanmoins, à ces phénomènes de genèse intrazymique, et du moment où j'obtiens sous l'enveloppe cellulosique d'une algue, par exemple, des organismes qui sont autres, apparemment que les corpuscules reproducteurs normaux de cette petite plante, il semble que, tout en donnant la main à la doctrine panspermiste comme question de procréation cellulaire, je la donne également à l'hétérogénie par le fait de la descendance d'un être différent, au sein de cette cellule, de celui qu'elle semblait avoir mission de reproduire.

C'est en cela, précisément, que ces phénomènes, qu'on pourrait caractériser du mot d'*intragenèse*, pris dans un sens général, me semblent l'expression de la vérité. La panspermie et l'hétérogénie, à part l'esprit systématique qui s'y rattache, ne sont, au fond, que des hypothèses, et la mutabilité intragénésique, telle que je l'admets et telle que l'expérience me paraît la confirmer, présente cet immense avantage qu'elle est un moyen terme entre les deux doctrines contraires et que, sagement interprétée, elle peut combler l'abîme immense qui les sépare. Elle a pour elle l'appui des faits de génération alternante dont le cadre s'élargit tous les jours, et, comme telle, elle confirme l'axiôme : *Omne vivum ex vivo*

Les panspermistes purs se sont émus, dans ces temps derniers, du fait de l'apparition de bactéries mobiles au sein de cavités animales (1), entièrement closes et où, partant, l'on ne pouvait invoquer l'intromission de germes étrangers (2). Je ne sais, en vérité, jusqu'à quel point il y avait à s'émouvoir, car, à mon sens, l'idée que l'on a mise en avant de la génération spontanée ne pouvait sagem·nt être mise en cause dans cette circonstance. Que l'on combatte l'hétérogénie lorsqu'elle présuppose la naissance fortuite d'un être quelconque *en dehors de l'organisme*, cela me paraît logique, et l'expérience est là qui semble condamner jusqu'ici ce mode de création. Mais, jeter l'anathème sur ceux qui pensent et assistent de leurs yeux à la genèse de proto-organismes au milieu de la trame cellulaire vivante, dans des circonstances pathologiques ou non, c'est là, ce me semble, vouloir en imposer à la nature. — La naissance des bactéries dans les cavités que limitent certains abcès ne me paraît pas plus du ressort de l'hétérogénie que ne semble l'être la formation accidentelle des *amylobacter* dans les cellules closes de certains végétaux (3) ; je ne vois là qu'une simple transformation mutabilitaire, et peu m'importe la doctrine à laquelle, de parti pris, l'on veut rattacher le phénomène.

(1) Cons. *Bulletin de l'Académie de Médecine, Discussion sur les fermentations*, à propos d'une communication de MM. A. Robin et Gosselin sur la présence des bactéries dans le pus des abcès froids, — 1877.

(2) M. Pasteur a dit lui-même : « Le corps humain, hormis le canal ntestinal et le poumon, est fermé à l'introduction des germes étrangers. » .-*R.* t. LXXIII, p. 1461.

(3) A. TRÉCUL. — Cité par M. Ch. Robin, dans son *Traité du Microscope*, p. 932, Paris, 1871.

C'est abuser de la science que de sortir du rigorisme des faits en transportant leur interprétation dans le domaine abstrait de la métaphysique, et les savants, à mon avis, s'égarent lorsqu'ils tendent à assimiler leurs discussions aux luttes passionnées de la scolastique

En assignant à la genèse des levûres le vaste champ de la mutabilité, je n'ai, pour mon compte, d'autre prétention que celle que peut revendiquer la physiologie expérimentale, et si ce mode de création peut paraître s'écarter parfois des faits normaux de polymorphisme actuellement consacrés par la science, ce n'est là, je le crois, qu'une anomalie purement apparente.

Une illusion seule plane sur tout mon édifice, c'est la confusion que j'aurais pu faire en attribuant aux êtres ou parties d'êtres dont je me suis servi des propriétés génésiques qu'il faudrait reporter aux granulations microbactériennes libres qui se rencontrent partout et qui, à mon insu, auraient pu se substituer, comme activité plastique et fonctionnelle, à mes organismes témoins.

S'il est bien vrai, comme la science tend à l'admettre, que les bactéries, les bactéridies, les vibrions, voire même les spores-conidies de quelques mucédinées, — qu'ils fonctionnent ou non comme ferments, — ne sont qu'une des formes évolutives des *leptothrix et des micrococcus,* je ne pourrais affirmer d'une manière radicale qu'un ou plusieurs de ces organites infimes ne se soient point introduits dans les appareils que je me suis chargé de féconder.

Je me hâte d'ajouter, toutefois, que, si cette cause d'erreur existe pour moi, elle est également présente dans les expériences de tous les physiologistes, à quelque école qu'ils appartiennent, et si mes épreuves étaient à refaire, les leurs le seraient au même titre.

Lorsque la science aura pu définir nettement la filiation qui existe entre le point granulaire vivant ou le dernier état de la matière organisée apercevable au microscope et les autres états des levûres dont la reproduction est définitivement connue, l'histoire des ferments pourra rentrer dans une nouvelle phase; il faut, en attendant, qu'elle reste ce qu'elle est, sauf à perdre de sa valeur.

Je me suis arrêté, pour ma part, à la limite extrême où la science expérimentale me permettait d'aller; puissé-je avoir touché la vérité!

www.ingramcontent.com/pod-product-compliance
Lightning Source LLC
Chambersburg PA
CBHW050127210326
41519CB00015BA/4133